愛上美味養生素

愛上美味養生素

暢銷珍藏版

愛上
美味 養生素

傳授 *15* 種美味秘方、*12* 大養生主題、*70* 道健康飲食

花蓮慈濟醫學中心營養師團隊 vs. 慈濟香積志工 王靜慧 ◎合著

愛上
美味養生素

第一單元

我愛健康美味素

愛上素食的 3 大理由

吃素之前的 10 個迷惑

美味素食的 15 個祕方

 第二單元
12 大養生素主題

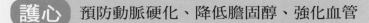

總目錄

別冊收錄

素食坐月子食譜

本書食材索引

品名		食材應用頁碼		
蔬菜類	白蘿蔔	43、80、126、133	新鮮百合	135
	胡蘿蔔	44、50、52、57、60、85、86、104、111、117、139、140、142	黃豆芽	75、140
	小馬鈴薯	54	豌豆嬰	84、109
	竹筍	119	山東白菜	44
	綠竹筍	128	白菜	119
	荸薺	56、85、142	荷蘭芹	57
	牛蒡	45、52、118	芹菜	85、142
	蓮藕	50、95	小芹菜	140
	紅地瓜	116	大芹菜	140
	紫地瓜	116	西洋芹	61、138
	老薑	41、68、81、85、96、112、別冊 5、別冊 7、別冊 8、別冊 9	菠菜	別冊 7
	薑泥	44、94	香菜梗	41、85、112
	薑	54	香菜	45、119
	薑汁	40、70	香椿葉	39
	薑絲	72	青江菜	80
	生薑	92、102	龍鬚菜	92
	薑片	101、120	紅鳳菜	124
	嫩薑	134、141	地瓜葉	89
	蘆筍	62、128	生菜	52、111
	大蘆筍	102	蘿蔓葉	60、142
	粗蘆筍	79	紫蘿蔓葉	117
	芋頭	119	九層塔	40、41、85、112、113
	日本淮山	84	秋葵	54、80
	白淮山	102、108	綠花椰菜	61、86、113、117、139
	紫淮山	108	白花椰菜	139
	淮山	別冊 6	冬瓜	96
	冰山雪蓮	135	絲瓜	132

品名		食材應用頁碼		
蔬菜類	小黃瓜	51、52、60、62、73、109、111、117	黃甜椒	61、84、86、102、109、118
	澎湖絲瓜	141	豌豆莢	別冊 10
	苦瓜	72	玉米筍	60
	茄子	112	玉米	73、113、117
	番茄	45、52、62、126	玉米粒	104
	南瓜	134	去皮菱角	81
	辣椒	40、41、44、50、85、92、104、112、113、129	毛豆	104、126
	辣椒絲	72	花生仁	94
	大頭菜	44	熟花生	68
	紅甜椒	61、84、86、102、109、118	花生	別冊 4
菇　類	乾香菇	39、56、85、96	洋菇	85
	香菇	68、102、119、140、142	柳松菇	119
	香菇頭	100	蘑菇	61、86、126、別冊 8
	新鮮香菇	113	中型蘑菇	139
	金針菇	80、119	乾巴西蘑菇	133
	平菇	57		
海藻類	珊瑚草	73、81	紫菜皮	111
	炭燒海苔	51	木耳	86、119、140
	海苔	60、73、79	乾白木耳	75、95
豆類及豆製品	乾素肉末	39	豆乾	142
	素肉燥	68、70、129、別冊 10	百頁	120
	豆腐	52、88	四角豆皮	105
	凍豆腐	80	麵腸	126
	豆包	70	香菇素料	133
	素料	75	麵筋	別冊 4
	豆乾絲	140	麵球	別冊 10

本書食材索引

品名		食材應用頁碼			
水果類	鳳梨	57、89	綠色哈密瓜	86	
	橙皮	43	橘色哈密瓜	86	
	檸檬汁	41、60、108、109	百香果	42	
	奇異果	125	芒果	62	
	紫葡萄	89	黃色小番茄	61	
	蘋果	54、109、111	酪梨	111	
	小蘋果	125	蔓越莓	111	
	青木瓜	42	黑棗	89	
	木瓜	63			
穀物 & 堅果類	芝麻	79	白飯（或糙米飯）	52、79、別冊 9	
	白芝麻	41、44、60、105、108、142	白米	93、105	
	黑芝麻粉	117	尖糯米	43、67、68	
	松子	41、60、108	圓糯米	66	
	栗子	101	紫米（黑糯米）	105	
	腰果	133	小米	93	
	乾腰果	56	糙米	78、別冊 9	
	香酥核桃仁	57	燕麥	78	
	核桃	100	黃豆	78	
	開心果仁	73	黑豆	104	
中藥類	四物	45、別冊 10	黨蔘	93	
	蔘鬚	72	芡實	100	
	麥冬	72	薏仁	100	
	五味子	72	茯仁	100	
	仙楂	71、110	當歸	100	
	蓮子	75、100	冬蟲夏草	101	
	枸杞	88、95、141	杜仲	101	
	巴戟	88	紅棗	95	
	白果	135	甘蔗片	75	
	洛神花	74	甘草片	124	

品名		食材應用頁碼			
乾貨類	乾金針花	56、92	無糖葡萄乾	78	
	龍眼乾	67	葡萄乾	116、125	
	乾竹笙	75	柿乾	79	
	竹笙	86	月桂葉	54	
奶蛋類	起司片	51、60、125	低脂奶	63	
	蛋	51、132、別冊 3	鮮奶	78	
	蛋黃	別冊 9			
醬料類	純紅糖	40、70	味噌	41、42、60、88、104、108、132	
	紅麴米	66、67、68	酒釀	43、別冊 3	
其　他	蓮藕粉	93	涼麵	117	
	太白粉	42、85、132、別冊 3	麵線	別冊 9	
	玉米粉	94	月桂葉	54	
	吉利T	74、110	蕎麥麵	別冊 10	
	橙粉	94	椰漿	63	
	鹼粉	120	西谷米	63	
	梅子粉	109	椰果	110	
	綠茶粉	110	桂花蜜	71	
	薄片吐司	51、84、125	豆豉	72	
	小型漢堡麵包	52	酸江豆	129	
	高纖燕麥薄餅	111	鹹醬瓜	133	

【作者序 1】

這一餐，就吃素！

◎王靜慧（慈濟香積志工）

素食是當前很新盛的流行，只要「肯做」、「會做」，吃素便不是一件難事。現今社會怨憎氣如此沉重，戒殺是多麼重要！慈悲，就不需要奪殺生命、食骨肉，讓我們當下一起來學習，如何用素食做出道道香噴噴的菜餚。

上天賜給我們的食材本來就有天地之氣、甘味、美味和甜味，只要善加發揚利用，就可做出美味的素餚又可吃出健康。

例如**蛋白質**普遍存在於豆類、蔬菜、葵花籽、芝麻等，可就個人需要，在日常生活中將菜色靈活調配、變化，讓每天都能吸收營養。

另外，**維生素**可分兩大類，一為水溶性維生素如維生素 C、維生素 B 群；另一類為脂溶性維生素，像是維生素 A、維生素 D、維生素 E、維生素 K。普遍存在於各類蔬菜、水果中，如胡蘿蔔、豆類、花椰菜、奇異果等。

礦物質可於洋蔥、西瓜、花生、大豆、香菇、紫菜等食材中獲得。而**膠質**則普遍存在黑白木耳、蒟蒻、秋葵、山藥、菇類等食材。

只要將這些食材搭配得宜，相信吃素不僅可以吃得健康，更能吃得美味；為家人洗手做羹湯，更是一樁美麗又溫暖的藝術。所以讓我們從這一餐，就開始吃素吧！

【作者序 2】

素食是一套完整性的健康飲食！

◎劉詩玉（花蓮慈濟醫學中心營養師）

在佛教醫院擔任營養師後，才發現素食是這麼健康、簡單而天然的食物；會使心靈無物欲，且能常懷感恩心的飲食文化。

其實，素食的推廣讓大家都很明瞭素食對人體的益處，能減少慢性病的罹患率。但是說到要執行素食似乎就很排斥；調查大部分原因包括主婦不知如何烹調素食，或粗食淡飯看起來沒胃口，甚至認為吃豆類食物會飽嗎？有營養嗎？

這讓我們起了一個念頭，撰寫以最簡單的素食食材所呈現的食譜，讓素食慢慢融入我們的日常飲食；試著嚐嚐食物的天然原味，豆腐的豆香味、綠色蔬菜的青草味、海帶的海洋味、菇類的木頭味等，是重口味調味料所無法取代的美味。而這點其實很難衛教民眾的，只有在自己或家人生大病時，才會警覺平日飲食習慣是否需要修正，試試素食也不錯的想法。但是，只要願意嘗試修正平日不健康的飲食習慣，就已經踏出一大步，如放棄油炸食物。常在衛教活動上指導父母親重要觀念，正確的飲食習慣是從小培養的，孩子是延續父母親的飲食習慣長大的，甚至每日運動習慣亦是。

醫院營養師面對住院病患，還是存有吃豆腐怎麼夠營養的錯誤想法，很難說服他們，素食才是生病時最優的飲食選擇。其實，此時身體功能已損傷，豆腐沒有肉類所含的動物性油脂，卻有足夠營養素，較不會再造成身體負擔，故住院病患伙食還是要以清淡簡單為宜。不只是需要衛教病患，還要衛教醫療人員及醫院行政人員，加以宣導清淡簡單的飲食才健康，而素食正是一套完整性營養的飲食。

素食文化可教育我們的心靈，試著感覺素食帶來的真、善、美，會覺得現在的人生才是幸福的！

11

【前言】

健康，從素食開始！

◎《人醫心傳》編輯群

在台灣每五個兒童就有一位過於肥胖，胖小孩的比率高達20％，不僅大大超出10％的全球平均值，更讓胖小孩躋身心血管疾病、糖尿病的新高發病族群。為什麼吃得好、對身體這麼「禮遇」，餐餐魚肉不缺的飲食習慣，反而讓健康不告而別？在我們自己和孩子大口嚼肉的同時，真的知道吃進了什麼嗎？是提供身體器官「所需」？或是造成「所累」？

葷食太多，危害身體健康

在1989年，拯救地球組織（Earth Save）便歸結數十年來的科學研究報告，提出許多不宜吃過多肉類的數據證明。例如，美國男性覺得吃動物食品才有男子氣概，但研究顯示，每天吃肉類、蛋、奶的男性比吃很少或完全不吃的男性，得攝護腺癌的風險高3.6倍以上，男子氣概的代價似乎不小。

而另一份研究中指出，在美國65歲的肉食女性，骨質流失的比率高達35％；但在同年齡、茹素的女性，平均骨質流失卻只有18％。深究其醫學上的原因，人體一旦攝取過多的蛋白質，會致使鈣質流失，就會導致骨質疏鬆症和腎臟衰竭，而美國這樣的病例至少有上千萬人。吃肉不僅導致骨質疏鬆症和腎臟衰竭，甚至還和癌症有關。一份針對十二萬二千名美國護士的研究即指出，每天吃肉的婦女，罹患大腸癌、直腸癌的機會，比每月吃肉少於一次的婦女高出25倍！

為了遠離致命疾病，專家、營養師、媒體大力鼓吹蔬菜水果對身體的助益，像是「天天五蔬果，癌症不找我」，現代人也逐漸認同多吃蔬果的好處。

素食飲食已超過兩百年的歷史

回顧素食的浪潮，十九世紀中期，現代素食運動便有逐漸興盛的風氣，於1889年成立的素食聯盟（Vegetarian Federal Union）其後在1908年由國際素食聯盟（IVU）接手，該組織不僅整合全球的素食團體，更是大力推動茹素的風潮。在1982年的美國，素食人口九百萬人，目前已超過一千四百萬人。總人口達六千萬人的英國，則有四分之一的素食人口。在台灣，素食人口也超過二百萬人。在茹素人口增加的同時，全球素食人口的平均年齡層也正在逐漸下降中。

你知道嗎？其實許多知名的人物都是素食者。身材窈窕的美國女歌星瑪丹娜、性格的老牌影星保羅‧紐曼、達斯丁‧霍夫曼、電影蜘蛛人裡身手矯健的男主角托比‧麥魁爾，與發明相對論的愛因斯坦都是素食者，而醫者典範的史懷哲也是茹素者。此外，許多身體機能絕佳的頂尖運動員也都是素食者，包括美國職棒大聯盟全壘打王漢克‧阿倫（Hank Aaron）、網球名將金恩夫人（Billie Jean King）等。關於素食的一項趣聞是，日本職棒西武隊在1981年賽季墊底後，於1982年換上新的監督，新教頭的第一道命令就是全體隊員吃素，為此別人嘲笑他們是「吃草的獅子」，結果他們在1982及1983連續兩年得到全日本職棒冠軍。

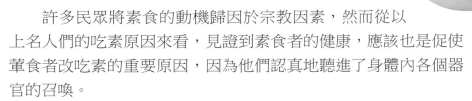

許多民眾將素食的動機歸因於宗教因素，然而從以上名人們的吃素原因來看，見證到素食者的健康，應該也是促使葷食者改吃素的重要原因，因為他們認真地聽進了身體內各個器官的召喚。

數十年來，全世界關於素葷食營養與臨床影響的研究論文已非常豐富而扎實，《新英格蘭醫學雜誌》（New England Journal of Medicine）、《美國臨床營養學雜誌》（American Journal of Clinical Nutrition）等國際知名的專業醫學期刊中，不時都會出現新的研究驗證。每一份新報告出爐，就讓我們多了解一點身體器官對於營養的選擇性，也為素食的健康性多添一分。

至今已茹素二十多年的慈濟醫療志業執行長，同時也是心臟外科權威的林俊龍醫師，在著作《科學素食快樂吃》書中序言裡

道出他在美國開始茹素的機緣——「在我的臨床經驗中，罹患狹心症、心肌梗塞，或做過冠狀動脈氣球擴張術，甚至冠狀動脈繞道手術的病人，幾年之後，甚至於在短短的半年、一年之後再復發……」林俊龍院長深深感受，「就這樣，我開始對心臟血管疾病的預防，作深入的探討，才發現導致心臟血管疾病的許多危險因子，……了解到飲食是預防血管硬化最重要的一個因子以後，便開始在醫學文獻上蒐集資料，才又發現新鮮的蔬菜水果，尤其素食是最健康的飲食方式。」

高纖維在腸胃道扮演的角色

素食不是只有對心臟血管疾病有益，對於消化道系統更有直接幫助。花蓮慈濟醫院肝膽腸胃科主任胡志棠醫師提到：「全世界都知道，吃肉（特別是紅肉）、醃漬、不新鮮的肉品，容易罹患消化道癌，包括胃癌、大腸癌。」他更提到：「日本人愛吃肉、海鮮，胃癌的比例是全世界最高。」

早在 1971 年，柏基特（Denis Burkitt）博士就提出了葷食與大腸癌的密切相關。纖維素是造成大便殘渣非常重要的來源。柏基特博士注意到高纖維食物只需大約 20 ～ 30 個小時即可穿過消化道，但是低纖維、高脂肪的食物卻需要 80 ～ 100 個小時才能穿過消化道，長時間處在腸道中的高脂肪食物，不僅會造成更大量的細菌生長，更將人體中的膽鹽轉化為致癌的毒素，不斷累積在人體內。

胡志棠醫生說：「我們腸胃科醫師，一百位中有九十位會攝取大量的蔬菜水果。我自己每天有90％都吃蔬菜水果，每餐有三盤青菜；這樣排便才會通暢，不會便祕，毒素才不會累積在體內。」

素食可降低癌症罹患率

科學實證顯示，素食者比葷食者癌症發病率低20 ～ 40％。植物性飲食，包括全穀類、豆類、蔬菜及水果，有保護人體降低罹患癌症機會的作用。例如，黃豆含有具抗氧化作用的異黃酮素，可阻止及避免大腸癌、口腔癌、肺癌及肝癌的發生。

對於素食者的飲食，花蓮慈院肝膽腸胃科胡志棠醫師提出了 4 個建議：

· 維持體重
· 避免三酸甘油脂的食物
· 多運動
· 以青菜、水果代替澱粉類食物

對於很難放棄葷食者的建議：2/3 的青菜、水果，避免紅肉、豬肉。

不吃葷食的好處可不少：不可能得狂牛症，減少沙門氏菌、大腸桿菌中毒機會，防止糖尿病產生，免疫系統增強；而且肉類蛋白質囤積體內所引起的痛風、關節炎問題在素食者身上也很少發生。

前台北慈濟醫院一般醫學科主任暨新陳代謝科主治醫師裴駒一年前開始吃素，問起他吃素的原因，他這麼回答：「抽菸，會得肺癌。你還會抽菸嗎？」全家都熱愛足球運動的裴駒醫師，改變飲食習慣吃素，「最主要是為了自己身體健康，因為所有的論文研究結果都告訴我『素食是對的』；第二個原因則是環保，為了節省地球資源，為了下一代著想。」

素食是資源環保的行動

以肉類為主的飲食習慣，對環境造成了毀滅性的衝擊。要種出 1 磅的小麥需要約 25 加侖的水，但要養出 1 磅的肉品卻需要 2500 加侖的水，足足是小麥的 100 倍。美國中部地區的地下水，是飲用水的主要供應來源，但光是為了養牛的用水，就足以使得水源快速枯竭。而且，養牛所需的土地面積是栽植蔬菜、水果和穀類的 20 倍。

諷刺的是，為了讓人吃 1 磅的動物蛋白質，必須給動物吃 21 磅的植物蛋白質。以美國為例，如果一年少消耗 10% 的肉品，就可以釋放出 1200 萬噸的穀米給人類食用，這個食物量可以餵飽六千萬人。素食者既兼顧了身體的健康，發現還能夠愛護地球，何樂而不為！

不吃肉，營養怎麼足夠？

對於罹患消化道癌症的患者，胡志棠醫師都會建議病人：「避免吃肉，尤其是煙燻、烤的，多吃新鮮蔬果、五穀，含纖維質高的食物。」當然，病人第一個反應都是：這樣營養夠嗎？胡志棠醫師簡單而肯定地回答：「肉類提供的主要成分是蛋白質，但是有細菌感染、化學成分在裡面。而素食，並不會有營養不均的問題，只是沒有飽足感。」當然，胡志棠醫師會順道送給患者一個禮物，那就是跟他們說：「要運動」。

素食不易骨質疏鬆

過量的蛋白質會造成體內鈣質的流失，這是造成骨骼疏鬆的原因。植物中鈣含量不低，而磷含量比肉類少，因此可以減少尿中排出鈣質的量，所以素食比葷食不易發生骨質疏鬆，除非是偏食或刻意減肥。1965 年左右，德國 MAX PLANCK 科研中心報導，綠色植物的蛋白質比肉和蛋還高。一般人只要熱量足夠，就不會有欠缺蛋白質的問題。

維生素 B_{12} 的迷思

在美國，一百萬人中只有十二人會有 B_{12} 缺乏的問題，比例非常低，因為分解 B_{12} 的細菌一直存在於口中、腸道中。蛋奶素食者，不太需要額外攝取 B_{12}。而不吃蛋奶的純素食者，則可能必須額外補充。另外，孕婦及兒童也建議補充。

吃素也要均衡飲食

從所有的科學研究我們得出一個結論──素食幾乎可以和健康劃上等號。但是卻須遵循基本的飲食原則，如果沒有聰明吃素，健康可能還是會漸行漸遠的。

肝膽腸胃科的門診接觸到的素食者，最大的問題是脂肪肝比例偏高。胡志棠醫師得到的答案，可能是素食者容易餓，就會攝取很多的澱粉類食物，過多的熱量，脂肪就累積在肝內，所以導致肝發炎，接著肝纖維化，持續幾年下來，可能就會造成肝硬化。而劉詩玉營養師也提到，無論是素食者或葷食者，同樣都要注意油脂攝取量。

心臟內科住院病人，多半是高血壓、高血脂，還有就是糖尿病併發心血管疾病，而患者年齡通常在五、六十歲以上。負責照顧心血管疾病患者的營養師陳靜怡說：「一些阿嬤說，『我沒吃什麼肉，怎麼還會有這些毛病？』透過飲食評估之後，我們才了解，原來是纖維吃太少、飯吃太多，還有的阿公阿嬤聽人家說吃水果好，就一次吃一堆，聽人家說喝鮮果汁好，一次也喝太多。」她提到，在慈濟醫院，營養組會告訴患者，「素食的三大原則是天然、新鮮、粗糙，還有，最重要的是運動。」

準備好吃素了嗎？

素食所呈現的不僅只在於不吃葷，對於「養生」的觀念也要正確。妥善地規畫飲食、了解每日攝取的營養成分，並用心地關照、愛惜身體，像是素食者通常比較長壽，就是因為除了均衡飲食之外，素食者會選擇更健康的生活型態。有人問：可是，吃葷食習慣了，怎麼能一下子改變？就像裴駒醫師在臨床上會「因材施教，循序漸進」。他給新陳代謝科病患的建議是「第一步，先不要吃肥肉。第二步，不要吃肉。第三，在烹調時，保持蔬菜的新鮮度。」陳靜怡營養師則建議：「先每個禮拜有一餐吃素，然後再每天吃一餐素。」聽起來一點都不難，又能長保健康，找個朋友一起吃一餐素吧！

【特別說明】

營養分析導讀

◎劉詩玉（花蓮慈濟醫學中心營養師）

　　一本健康的食譜會清楚告訴讀者這道菜餚的營養成分分析，包含熱量多少大卡、主食類幾份等資訊，利於讀者了解健康的飲食，應如何讓三大類營養素均衡存在，達到個人營養需求。

　　常見營養成分分析會列出主食類、蔬菜類、水果類、蛋豆類、奶類、油脂類六大分類及總熱量。所謂食物分類是將食物依其三大類營養素比例去區分，包含醣類、蛋白質、脂肪。**主食類**營養素為醣類及部分蛋白。**奶類**主要提供蛋白質及鈣質。**水果類**提供維生素、礦物質、醣類。**蛋豆類**主要提供蛋白質。**蔬菜類**主要提供維生素、礦物質及膳食纖維。**油脂類**主要提供脂肪。

食物代換表

食物分類（每份）	蛋白質（克）	脂肪（克）	醣類（克）	熱量（卡）
低脂奶類	8	4	12	120
蛋豆類（中脂）	7	5	+	75
主食類	2	+	15	70
蔬菜類	1	-	5	25
水果類	+	-	15	60
油脂類	-	5	-	45

　　接下來，就必須學習哪些食物是屬於哪種食物分類，**主食類**是米飯、麵食、地瓜、南瓜等含澱粉食物；**水果類**及**蔬菜類**是各式蔬果；**奶類**是鮮奶、奶粉及奶製品如起司等；**蛋豆類**是蛋、黃豆及黃豆製品如豆腐、豆乾等，**油脂類**是各式烹調用油、堅果類等。

　　最後，再將食材用了多少克，換算成多少份該類食物分類即可，再加總所有食材的食物分類份量的熱量，即為**菜餚總熱量**。舉例說明如下：

吐司起司捲

材料

薄片吐司 4 片　　炭燒海苔 1 張（30x30 公分）　起司片 4 片
胡蘿蔔 50 克　　小黃瓜 50 克　　蛋 2 顆

調味料

沙拉醬 1 茶匙

薄片吐司是主食類，
起司片是奶類，
蛋是蛋豆類，
海苔、胡蘿蔔、小黃瓜是蔬菜類，
沙拉醬是油脂類。

營養分析

營養素	熱量 / 卡	主食類 / 份	蛋豆類 / 份	奶類 / 份	蔬菜 / 份	水果 / 份	油脂 / 份
	185	1	0.5	0.5	0.25	-	0.25

17

第一單元

我愛健康美味素

掌握素食的正確吃法，

並釐清可能的迷惑，

破除錯誤的迷思，

才能成為真正快樂的素食族……

愛上素食的 3 大理由

素食日漸受人喜歡，不止因為科學上證實吃素可延長壽命，更可以
健康享受人生，成為一個讓人欣羨的樂活族……

科學素食觀

近代西方醫學的進步，讓人類的壽命延長了許多。更重要的是，讓人在活著的時間中，能較少受到病痛的折磨，因此也比較有生活的品質。

科學研究證實素食的好處

西方醫學之所以會如此進步，有很多原因。其中一項重要的原因，就是用科學的方法去驗證一些理論。傑佛瑞・羅賓森在他所寫的《一顆價值十億的藥丸：人命與金錢的交易》書中提到，一種新藥的研發，需要經過許多的步驟。

首先要用動物實驗去比較不同化學結構，看哪一種比較有效，比較沒有副作用。等到化學結構決定了，下一步，就是將此化學結構所製成的藥品，做各種不同劑量給動物服用，再觀察其療效與副作用。等到都確定沒有大問題了，最後開始做人體實驗。一開始要找幾位正常的自願者服藥，看藥物劑量在人體中的變化。然後，才能用在少數的病人身上，慢慢加長用藥的時間。最後，才能用在大量的病人身上。經過這些重重的關卡，才能獲得美國食品藥物管理局的上市許可。

最近一個減肥藥的上市過程，可以讓我們由另外一個角度去了解西方科學的精神內涵。要了解這個減肥藥到底有沒有效，藥廠找了兩組過重患者，由醫師給予減肥藥物使用。其中一組吃的是真的減肥藥，而另外一組吃的是「假藥」，就是所謂的安慰劑。病人並不知道自己吃的是真藥，還是假藥。不僅如此，連醫師也不知道，一直要等到實驗做完了，才會把封住的標籤打開。為了得到藥的真正療效，連心理變數也要排除。

舉這個例子，就是在說明這樣實事求是的精神，創造了西方醫學的長足進步。這點是我們需要趕快學習的地方。

　　身為新陳代謝科醫師，平常就會較仔細研究各種食物對於健康的影響。再加上新陳代謝科中，糖尿病的患者特別多，光在台灣大約就有一百萬人已經被診斷出有糖尿病，另外估計有一百萬人自己有糖尿病而不知道。再加上糖尿病末期的併發症多是像中風、心肌梗塞、腎衰竭、截肢等，會嚴重影響個人健康，每一項疾病都跟我們日常的飲食有關，因此如何吃的健康，對醫師及患者來說，都是一個重要的課題。

　　國外在素食飲食的研究，已經有很長的歷史了。這些結果，都發表在國外的醫學雜誌，就以其中一本著名的雜誌《American Journal of Clinical Nutrition》（美國臨床營養雜誌）來說明。這本可說是營養學方面首屈一指的專業雜誌，由美國臨床營養學會發行的月刊。在2003年9月，刊登了一系列有關於素食的文章，由不同的角度去探討及說明這樣的事實。其中普瑞米爾‧辛等人（Pramil N. Singh, Joan Sabate, and Gary E. Fraser）發表一篇文章〈降低肉類的攝取是否會延長人類的壽命？〉，在結論中指出吃素確實會延長壽命。大衛‧鎮欽斯（David J.A. Jenkins）也列舉了很多不同的研究，顯示素食對糖尿病的併發症也有改善的作用。而Pimentel更報告了素食比較不會消耗地球上的資源；其他像吃素的人體力不會較差等，都舉出各種不同的科學及醫學的實驗、觀察去證實。

　　這些文章所獲得的結論，就是用我們前文提到的西方科學方式去驗證。在他們發表了這些結果之後，經由各種媒體，全球的醫師就會照著他們的建議，提供給健康人、患者有關營養方面的資訊。

補充維生素，素食可以很均衡

有很多反對素食的人會提到素食者缺乏維生素（尤其是 B_{12}）及一些微量金屬。這點在醫學的觀點上來說，是一個事實。但為了這樣就否定了素食的好處，也是違反了醫學的邏輯。對醫師與患者而言，我們把素食的好處與壞處放在一個天平上去衡量，一邊是素食的好處，包括了降低某些癌症及各種現代的疾病，天平的另一邊則是缺乏維生素 B_{12} 及微量金屬。要選擇哪一邊是非常明顯的！以現代的科技來說，要補充因為素食而造成的部分稀有營養缺乏，實在是非常容易的事情。只要多攝取均衡的各種素食，再適當地補充維生素，素食對健康絕對有正面意義的！

醫師的職責，便是在照顧患者的健康。目前對人類疾病的了解，是從古到今，很多的醫師、科學家觀察、研究疾病的結果。這些智慧的結晶讓我們能夠提供給患者最好的醫療及照顧。若是有患者（或健康人）問我，吃素比較健康，還是吃葷比較健康，我會根據我的專業，毫不猶疑地告訴他：「吃素！」

本節主筆◎裴馰

（前台北慈濟醫院一般醫學科主任暨新陳代謝科主治醫師）

健康素食觀

老家在台南市將軍區，因為靠海，常吃海產也就不足為奇。即使後來因工作的關係定居北部，家人還是常常寄來家鄉的海鮮，再加上從小就偏愛炸雞、肉類等食物。吃素，對我而言幾乎是遙不可及的事。

偶然間，因為環保而接觸了慈濟，因此有幸聽聞證嚴上人的法語，了解到真正的做人道理，也更加投入志工行列，守志持戒，為人群付出。然而，獨獨吃素這一件事，一直做不到。我想，有些師兄、師姊也和當時的我一樣想法，用心做慈濟事、為人群付出，只要不做虧心事，吃不吃素應該沒那麼嚴重吧！而且，那時也覺得孩子還小，吃素可能影響到發育，也就不再考慮吃素這件事了。

直到 2003 年 5 月，也就是 SARS 那段期間，為了響應證嚴上人的呼籲，「虔誠一念心，全球無災難，齋戒一個月，身心保安康。」於是上網簽署要吃素一個月。還記得當時看到有人在網路發願要「生生世世」都吃素，我和我家師姊都直呼「怎麼可能？」

虔誠齋戒不到「一個星期」，就開始懷念起「肉」味了，下班回家時，怯怯地詢問我家師姊：「想不想吃炸雞排？」不料，她竟回答：「一塊可能不夠，不然兩塊炸雞排好了。」原來不只我一個人按捺不住呀！於是，興奮地前往雞排店，結果，雞排店居然沒開！第二天，我不死心，再去一次，店還是沒開。其實，就在那幾天，身體及心裡已經起了微妙的變化……到了第三天，出門前，與師姊決議：「如果今天再買不

到，那我們就一輩子吃素。」結果，雞排店果真還是沒開，也因此，就開始我們全家大小茹素的好因緣了。至於那家雞排店，在第四天就開門營業了。

吃素，讓我們健康

其實在加入慈誠培訓不久，便已經利用空暇時間閱讀《無量義經》，及一些證嚴上人的書，不但時時法喜充滿，也逐漸覺悟到「含靈蠢動皆有命」、「眾生平等」的道理，既然自己只是眾生的其中之一，我們此生有幸而為人，又怎能為了滿足自己的私欲而傷害其他眾生呢？只是，道理雖懂，卻因一念執著而不斷地昧著良心造作殺業，直到炸雞排的那段因緣，才終於不再欺騙自己，真正地「守志持戒」。

既然決定一輩子吃素，一切就變得很自然了，而這樣的轉變對我們全家人都有不可思議的影響。

以前，在台北上班時，平均一個月接生三、四十位新生兒，而且門診常常從下午一直看到半夜十一點多，非常耗費體力，尤其每當中途用過晚餐後，總感到無比的疲憊。茹素之後，這樣的疲憊感明顯地改善，人也顯得比較有精神。看了一些相關書籍才知道，原來素食食物中的蛋白質分解為胺基酸之後，不太需要經過肝臟的轉換及代謝，就能成為身體所需的胺基酸。而且，也會減少胃腸消化吸收所耗損的熱量，自然就不容易感到疲憊了。

另一方面，由於婦產科醫師接生是不分日夜的，以前，如果有熬夜或是睡不好，隔一天血壓就會飆高，甚至流鼻血。茹素後，每次量血壓都維持在 120/70 的正常值。當然長期以來因為飲食不正常，或生活過於忙碌引起的便祕或腹瀉問題，也自然消失了。

我常常在想，如果仍然維持以前的飲食習慣，再加上長期處在壓力大、熬夜等狀況，而且又沒有時間運動，那麼，現在的我，可能早已經罹患高血壓、糖尿病，甚至更多的慢性病了。

而吃素，雖然無法完全避免這些慢性病，至少可以延緩很多慢性疾病的發生，就有相對充裕的時間去爭取健康的空間，開始改變生活習慣、開始去運動等。

除了我個人之外，當時六歲的女兒因為有過敏體質，腳背上有一大片像是蕁麻疹的突起，看了幾位皮膚科醫師，答案都是「長大後自然就會好了」。沒想到，在她吃素不到三個月，腳背上的突起自動不見了，雖然不清楚真正的原因，但未免也太巧合了。而且，原本擔心素食會影響孩子的發育，但是，看著眼前我們家那位壯碩的「小泰山」，我想，一切都是多慮了。

當然，吃素也不是一件簡單的事，這一切都要歸功於我們家師姊，烹調三餐能夠兼顧口感與營養均衡。簡單的概念如低鹽、低油，各色蔬果等。至於有許多人對吃素存在著一些迷思，最常見的就是缺乏葉酸、維生素 B_{12}、鈣。其實菠菜及麥芽中，就含有大量的葉酸，而啤酒酵母及乳製品中都存在著維生素 B_{12}，適當且均衡地攝取，自然就不會缺乏。如果長期欠缺葉酸或維生素 B_{12}，可能會導致巨紅血球性或巨胚紅血球性貧血，我最近一次的健康檢查結果，顯示一切正常，表示素食不見得有這樣的問題。而鈣的攝取更是不用擔心，香椿、深綠色蔬菜、豆腐等皆含有充足的鈣質。但是肉類吃多的話，體質偏酸性，鈣質反而容易流失。

雖然吃素才不過短短的幾年，但是我們全家卻都已感受到素食所帶來的好處。更妙的是，當初決定吃素時，並沒有勉強小孩一起吃素，在言行也絕口不提吃素或吃葷的利弊，因為小孩子應該有他們自己的選擇。但是，孩子們卻堅定地自己要求吃素（三歲而已耶），真是不可思議。但願也祝福所有的人都能趕快吃素，早日領略素食的健康之旅。

本節主筆◎高聖博

（花蓮慈濟醫學中心婦產科主治醫師）

養生素食觀

由於很多人推廣，素食好的觀念愈來愈讓人接受，素食餐館也較從前普遍化。

很多人對我為什麼吃素感到好奇，猜測是不是發了願要還願，還是有佛祖在夢中告誡，其實起初並沒有任何靈異事蹟發生，只是有一年，參加佛學夏令營回來之後，自己決定要開始吃素，至今就沒有間斷過，轉眼之間，就十幾年過去了。

剛開始吃素的時候，由於對營養的觀念並不是很了解，家人也沒有吃素，只是依一般人的方式來吃素，於是營養有一點不均衡，身體有一點不能適應。後來漸漸地開始認真研究營養的觀念，蒐集資料，及各方包括反對及支持素食者的看法，來印證素食的好處及不足處，漸漸調整素食食譜。後來也接觸生機飲食，對於生機飲食提倡的觀念，個人對於其中有些看法也覺得甚有可取之處。

基本上，反對吃素者的看法中，最常見的是營養不足。鐵及維生素 B_{12} 的含量在素食者中較少或缺乏。尤其對女性而言，容易有貧血的現象。這是吃素者一定要注意的。另外，很常見的說法，是沒有吃肉會導致蛋白質攝取不足，及沒有攝取牛奶會鈣質不足導致骨質疏鬆，或磷質不足會神經受損、容易疲勞等似是而非的理論。事實上，以目前西化的飲食來說，食用的肉（蛋白質）及脂肪過量，是很多慢性病的主因。植物性蛋白質的品質如黃豆甚至優於肉類；牛奶喝太多反使鈣質流失。只要調配得當，注意營養攝取均衡，鈣質、鐵質都不至於缺乏。

而以佛教對吃素的觀點而言，不殺有情眾生，長養慈悲

心，不與眾生結惡緣是素食的主因，以殺業引起種種惡的因緣果報，便能藉此中斷。這對一位修行人而言是非常重要的。

　　若以醫學養生的觀點而言，素食也有很多附帶的益處。肉食比起蔬果類相對而言是較為污濁的食物，細菌、寄生蟲感染、動物的癌症等種種動物的致死疾病是其中一部分，食用這些不淨的肉類，身體一定會引起一些問題，太多的肉食也使身體體質酸性化，而種種慢性病，如心血管疾病、部分癌症如大腸癌等都與過量的肉、膽固醇及脂肪有關。蔬果類所含的種種維生素、礦物質、微量元素及抗氧化的成分，都是人體維持正常生理功能所必需的，並且會幫助人體減緩老化速度，使我們比較容易保持健康長壽及思維靈敏。

　　天然新鮮的蔬果、五穀雜糧含有重要且基本的營養素，其新鮮自然的風味絕對是人工調味料無法相比的，加上營養均衡攝取，就能吃得健康。以前的人認為，吃素就是白飯配醬瓜、麵筋等罐頭食物，加上素雞、素鴨、素火腿等加工食品，就是所謂的豐盛，個人認為這些加工食品都應該少吃，因為其中的食品添加物過多，加工過程已將大部分重要的營養素破壞。

　　現代的人吃素比起前人幸福，由於食物的種類選擇性較多，也由於對食物營養研究更深入，幫助我們更容易使用正確的方法來調配素食，保持健康。由於素食餐館還是不如肉食普遍，因此出外參加活動或出國旅行，基本上是有一些困難要克服。

　　我們不要求昂貴或稀有的食材、裝飾或繁複的烹調技巧來達成美味，但對於營養均衡的要求基本上應有一點堅持。因為身體結構十分精巧，需要我們愛護及供給正確的養分來維持身體運作及正常的功能。好好地疼惜它才能少病多健康。

本節主筆◎曾慧文

（前大林慈濟醫院皮膚科主治醫師）

吃素之前的 10 個迷惑

掌握素食的正確吃法並釐清可能的迷惑，破除錯誤的迷思，才能
成為真正快樂的素食族……

本節諮詢◎花蓮慈濟醫學中心營養團隊

Q1 什麼是素食？

A：「素食」即是以「植物性食品」為主要食物來源的飲食方
式。原先多以宗教因素為主，現今因維護地球環境、人道或追
求身體健康等因素，使茹素的人口群有漸增的趨勢，而素食種
類的變化性相對亦跟著增加。常見的素食種類大致上包含：全
素、奶蛋素、奶素、蛋素、早齋、初一十五素、方便素（鍋邊
素）、健康素及瑜珈素等。

- **全素**：以植物性食物為主，不吃奶類、蛋類及蔥、蒜等香辛
  食品。
- **奶蛋素**：以全素為原則，但可再增食奶類及蛋類。
- **奶素**：以全素為原則，但可再增食奶類。
- **蛋素**：以全素為原則，但可再增食蛋類。
- **早齋**：早餐茹素，午晚餐則與一般葷食相同。
- **初一十五素**：每月初一及十五日茹素。
- **方便素**（鍋邊素）：可與葷食者共同用餐，但不吃動物性食品。
- **健康素**：與奶蛋素飲食限制類似，但可增食香辛類食品。
- **瑜珈素**：將食物分成**「悅性食物」**、**「變性食物」**及**「惰性
  食物」**等三大類。**「悅性食物」**是理想食物可使身心靈平衡，
  如蔬果、穀類、奶類及堅果類等；**「變性食物」**是指吃多了
  會影響身心靈的食品，如咖啡、濃茶及口味濃郁的調味料等；
  「惰性食物」則指吃了易讓人疲倦的食物，如蛋類、菇類等。
  原則上以「悅性食物」為主，宜避免食用「惰性食物」。

Q2　素食可以吃的食物有哪些？

A：健康的飲食是必須注意均衡且種類多變化，六大類食物皆不可少，無論是五穀雜糧、豆類、蔬菜、水果、奶蛋類、油脂類，所含的營養都各有不同，且彼此不能互相取代，因此需注意經常變化菜色，才能攝取多種的營養素。

在每日的食材選擇，除了多選擇新鮮、未精製的食物之外，還必須有足量的蔬果、豆類及全穀類，每天至少三碟蔬菜、兩份水果。蔬菜多選取深綠色的，並注意食物種類的質與量。

多利用食物互補作用，如將黃豆或黃豆製品與穀類一起搭配，黃豆與小麥、燕麥搭配如黃豆糙米飯、雜糧麵包等；或是堅果類加豆類，如腰果花生湯或麵包夾花生醬、杏仁芝麻糊等；也可以全穀類加豆類，如綠豆稀飯、紅豆糯米粥等提高蛋白質的利用率。

除了攝取深綠色蔬菜，菠菜、莧菜、紅鳳菜的含鐵量不低，搭配足量的維生素 C，可提高鐵質的吸收，降低貧血的危險性。攝取適量的全穀類、燕麥片、小麥胚芽、南瓜子、腰果、核桃等，以提供足夠的鋅、錳等微量元素。

攝取鈣質含量較高的食物有乳製品，如牛奶、乳酪、發酵乳、豆腐、海帶、紫菜、油菜類等，更重要的是多注意食物顏色白、紅、黃、綠、黑色食物搭配交替食用。

▲ 多利用食物互補作用，如全穀類加上豆類可提高蛋白質的利用率。

Q3 吃素會不會吃進一些農藥或寄生蟲？

A：在說明吃素是否會吃進一些農藥或寄生蟲等問題之前，應先了解農藥或寄生蟲進入人體的途徑。此與是否吃素較無絕對關係，而跟如何清洗蔬果，以避免農藥或寄生蟲進入人體之內才是最重要的。

蔬果清洗的主要目的，除了去除灰塵及可能存在的寄生蟲外，最重要的是洗掉可能殘留在表皮上的農藥；而除了去除果皮及外葉，清洗是唯一減少農藥的方法。任何清洗的方法，只能去除殘留於表面的農藥，其中的差別在於用水量的多寡，及防止減少營養分的流失，需注意的是蔬菜應先清洗再切，而非切了再洗。

幾個簡單清洗蔬果的方法：

• **包葉菜類**（如包心白菜、高麗菜等）：應先去除外葉，再將每片葉片分別剝開，浸泡數分鐘後，以流水沖洗。

1 去除外葉。

2 剝開葉片泡水數分鐘。

3 流水沖洗葉片。

• **小葉菜類**（如青江菜、小白菜等）：應先將近根處切除，把葉片分開，以流水沖洗。

1 切除近根處。

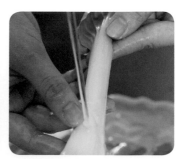
2 分開葉片流水沖洗。

● **根莖菜類**（如蘿蔔、馬鈴薯類）：可用軟刷直接在水龍頭下以流水刷洗後，再行去皮。

▲ 直接用軟刷配合流水刷洗後再去皮。

● **連續採收的蔬菜類**（如菜豆、豌豆、敏豆、芥藍等）：由於採收期長，為了預防未成熟的部分遭受蟲害，必須持續噴灑農藥，因此農藥殘留機率較多，所以應多清洗幾次。

● **去皮類的水果**（如荔枝、柑橘、木瓜等）：可用軟毛刷以流水輕輕刷洗。如此一來能降低或避免農藥或寄生蟲，因蔬果清洗不乾淨而進入體內。

● **花果菜類**（如苦瓜、小黃瓜等）：如需連皮食用，可用軟毛刷、以流水輕輕刷洗，另如青椒、甜椒，有凹陷的果蒂，易沉積農藥，應先切除再行沖洗。

▲ 花果菜類，如需要連皮食用，可用軟毛刷配合流水沖洗。

▲ 有凹陷的果蒂，應先切除再行沖洗。

Q4 出門在外如何健康吃素？

A：近年來，吃素風潮漸普遍，出門在外不怕找不到素食餐館，就怕外食吃多了無法掌控烹調過程而影響了健康。因此出門在外如何「健康」吃素，便成為新世代素食朋友所關注的問題，以下提供一些簡單原則讓出門在外的朋友，隨時隨處皆可吃素吃得健康又快樂。

• **盡量選擇天然、少加工的食材所製作的餐點。**這類食材通常也富含纖維，如糙米飯、胚芽飯及全麥麵包等全穀類食品。

• **避免食用油煎、油炸烹調的食物。**如果覺得太油或太鹹，可以準備熱開水將食物過水再食用。

• **利用互補效果來提高素食的蛋白質品質。**植物性蛋白質大都缺乏一種或多種必需胺基酸，單獨吃時無法被身體做很好的利用，若同時食用兩類食物可互相彌補彼此胺基酸的不足，得到質量充足的蛋白質。例如黃豆雖具很高的營養價值，但豆類食物由於缺乏甲硫胺酸（多離胺酸）使蛋白質的吸收打了折扣；同樣的，五穀類食物欠缺離胺酸（多甲硫胺酸）。因此，建議同一餐中應同時有五穀類及豆類食物，以達到胺基酸互補的功效，使蛋白質的利用率更好。

攝影／李進榮

• **注意飲食多變化，且廣泛攝取各種食物。**不要偏食以維持營養均衡。例如避免集中選用某些類別食物，或一餐當中可選用多種顏色食物來搭配。

Q5　吃素不會變胖嗎？

A: 吃素會不會變胖？重點在於質與量的選擇！

　　有很多人以為吃素可以減肥，因為只要食用植物油，不吃動物性脂肪就可以避免過多油脂的攝取。事實上並非如此，因為不論是植物油或動物油，1克油脂同樣含有9卡的熱量，其差異僅在於飽和脂肪酸的多寡。吃多了，同樣會胖，一樣會造成人體的負擔。這也是為什麼有人為減肥選擇改吃素食，放心大吃的結果，體重不減反增。尤其大部分素食餐點烹調方式太過油膩，某些素材更是經過油炸加工，吃進了太多的油脂，長期下來當然還是會變胖。

　　所謂質的選擇指的是：怎麼吃？注意食材的選擇，以天然、少加工的食材較佳。還要注意食物的烹煮方式及食物本身的熱量，避免油煎、油炸，不然會愈吃愈胖。多用不同的烹飪方式，如涼拌或清蒸等，才能避免攝取過高的油脂，造成人體的負擔。

　　量的選擇指的是：吃多少？不管你吃什麼，如果完全不加節制、大吃特吃，一旦攝取過多的熱量（**身體消耗的熱量小於飲食攝取的熱量**），還是會造成脂肪堆積，形成肥胖。

　　吃素不會變胖？答案不是絕對的，但若能夠聰明的吃、吃的正確，不會變胖卻是肯定的。

▲ 採用較健康的烹調方式，如涼拌或清蒸，減少攝取過量的油脂。

Q6 不吃肉，營養可以均衡嗎？

A：隨著飲食限制的不同，其營養素獲得來源的廣度亦有所差異。飲食限制愈嚴謹者，因其食物來源有限，相對的較容易有營養不均衡的問題產生。素食飲食較易不足的營養素，包含 ω-3 必需脂肪酸（DHA 及 EPA）、足量優質蛋白質、鋅、鐵及鈣等。

- **ω-3 必需脂肪酸**：可由植物中的 α-次亞麻油酸轉換而獲得，烹調時，可適量選擇富含 α-次亞麻油酸的芥花油或胡麻油等。

- **足量優質蛋白質**：素食者高生理價的蛋白質包含奶類、蛋類及黃豆類食品。此外，亦可以互補方式來提高蛋白質利用率——即廣泛攝食多種食物，如一天中需攝食豆製品（如豆腐、豆包或豆漿等），及穀類（如五穀飯等）即可達到蛋白質互補的效果。

- **鋅**：主要來源有奶製品、酵母、小麥胚芽、種子類食物（如南瓜子、松子、芝麻等）及核果類食物等。

- **鐵**：以乾豆類（如紅豆、黑豆）、堅果類及深色蔬菜含量較多，此外可利用富含維生素 C 的食物，來增加其吸收率。

- **鈣**：可由奶製品、市售板豆腐、豆乾、芝麻糊等食物中獲取。

　　廣泛均衡的選擇各種食物，及使用未精緻化的穀類、豆類、核果及蔬果，皆是素食者獲得均衡營養素的不二法門。最後，不論是哪一種素食型態都不建議食用過量的加工食品。加工愈細緻的食品，其營養素流失量愈大。此外，含鹽、油、糖等「三高食品」比例愈高者，也不建議食用，以避免增加身體負擔，提高罹患慢性疾病的危險性。

▲ 多食用種子及核果類食物，可增加鋅的攝取來源。

Q7　生機飲食與素食不一樣嗎？

A：素食與生機飲食是兩個部分相似的飲食型態。其相同點是食材均以蔬菜、水果、豆類及穀類等為主。相異點在於生機飲食的烹調方法以生食為主，但是素食卻並不一定是生食。

無論生機飲食或素食，首要條件一定要安全、衛生且健康。因生命階段的不同，生機飲食對健康的影響亦不同。例如：

• 幼兒在 3 歲以前腸道及神經系統均未成熟，生食是否合宜仍有待研究。

• 產婦及哺乳婦是否因生食而導致營養失衡或毒素（農藥）累積？

• 老年人和病人的免疫功能降低，生食的潛在危險因子可能衍生出問題，且傳統醫學理論不倡導生食，因生食者多屬性冷。

關係生食的風險，分述如下：

• **食物中的抗營養因子**：植物荷爾蒙在豆類、十字花科、花菜、甘藍和包心菜中含量最高，豆類中的含氫配醣體、胰蛋白酶抑制劑以及血球凝集素，其他則含有硫代配醣體，經酵素分解代謝後易致食物中毒。另外雞蛋中的生蛋白含抗生物素（avidin）會阻礙維生素吸收。

• **寄生蟲**：蔬菜上的蛔蟲、豬肉中的旋毛蟲、淡水魚的中華肝吸蟲，未經殺菌的乳品含有病原菌，生食恐會危及健康。

• **農藥的殘留、環境的污染。**

• **妨礙營養素的吸收**：番茄經加熱破壞細胞壁後釋出茄紅素（lycopene），而烹調用油亦可增加茄紅素在人體的吸收率。

Q8 生病治療期間吃素會有抵抗力嗎？

A： 生病治療期間因疾病的類別與嚴重度，需配合營養治療原則及飲食供應方法作個別設計，而非僅著眼於補充體力或抵抗力，應是全方位的考量；營養支持對病情的癒後評估占十分重要的角色。

肉類雖含有蛋白質，但也有許多增加人體器官負擔的物質在內，有膽固醇、飽和脂肪、尿酸、尿素等，都是我們身體不需要的東西，有害而無益。特別是病人身體已經較病弱，肉食會使病體恢復緩慢。反之，植物性蛋白質的特性反而使病人器官能得到休息，不會造成營養不良或使病人更衰弱。

植物性食物的特點

- 肝是解毒總司令，任何因素（如酒精、脂肪、毒物）會使肝工作過度，以致功能減弱，細胞容易病變。植物性蛋白質因含有較高的支鏈胺基酸，及較少的甲硫胺酸和芳香族胺基酸（主要存在動物性蛋白質），有利於改善肝昏迷。

- 植物性食物提供較多的膳食纖維，可預防便祕，並降低腸內有害菌的孳生而產生過量的毒素。

- 植物性食物中不含膽固醇。

- 動物性食物中飽和性脂肪酸不利於心血管疾病患者，如血管硬化而引發高血壓與心臟病的發生。而素食包含各種穀類、豆類製品、水果、蔬菜再加上牛乳、蛋，就是非常完善的營養，尤其糙米、黑麥饅頭、全麥麵包，可供給足夠的維生素，並補充鐵質、鈣質及蛋白質。

Q9　素食適合每個人嗎？

A：食物之所以是人類生存所必需的最重要物質，是因為食物能提供人類生長發育和日常活動所需要的能量；滿足生理還有心理的幸福感，就像襁褓中的嬰兒吃到甜食會有一抹甜美的微笑。

提供熱量的營養素有醣類、脂肪和蛋白質；不提供能量卻是維持生命正常功能的營養素是維生素和礦物質。這些必需營養素只要攝取適當，人體就能健康有活力，在不同階段的生命期中，只需要特別補強需要的營養素即可維持健康。

無私的大自然賦予每一種食物營養素，無論是植物或是生物只要均衡攝取，都可對人體需要提供完整的營養。素食來源包括五穀根莖類、豆類、蔬果、堅果類、奶類和雞蛋等這些當然也不例外，均含有足夠營養素提供人體所需。

- **兒童期**需要特別注意總熱量及鈣質攝取量是否足夠。建議每天1顆雞蛋、奶類1～2杯、深綠色和深黃色蔬菜1份，其他豆類和五穀根莖類更是不可少，而油脂平常飲食均可攝取到，所以不需特別補充。

- **青春期**要注意鐵質，和幫助熱量代謝的維生素B群的攝取，建議多攝取深綠色蔬菜，並且補充一些堅果類食品，而雞蛋、牛奶更不可少。

- **成年期**的均衡飲食最重要，蔬菜水果容易因忙碌的生活而忘記攝取，也因生活的壓力而更需要蔬果類所提供的營養素。

- **老年期**的營養需求是為了防止老化和對抗慢性病。黃豆製品所含脂肪可有效對抗心血管疾病，蔬菜水果含有多元的抗氧化物質，但須注意食物的新鮮及烹調的方法。

- **生病時**的營養只須特別注意熱量是否攝取足夠，因疾病流失的營養素要特別補充，而這些會因為病情的不同，導致每個人有所不一樣。

素食當然適合每一個人使用，只要我們飲食注意均衡、多元、多樣化。

Q10　黑心食品充斥，如何分辨黑心素食呢？

A：當我們無法相信市面上所有素食材都是純素食時，在選擇上更要特別小心。可從食材的外觀、顏色、味道來判斷。

購買合格廠商或是信譽有保障的廠商，注意包裝完整，有品名、內容物、保存期限、工廠地址、電話的標示。避免購買外面散裝或是秤斤秤重的販售商品。

不要買味道太強烈的素食材，當外表可以造假欺騙時，至少我們的味覺和嗅覺是對我們最誠實的。味道有腥味的，其中摻雜有葷食機率較高。

建議少購買仿造肉類素材或是有內餡的，如素丸類、素魚板、燕餃、素竹輪等食品。這些在市面上占黑心素食機率較高，而衛生署化驗結果以仿葷食加工食品為主要黑心素食來源。

一分錢一分貨，價格低廉的素材，要特別注意原物來源。

多一分注意，才能做個健康又快樂的素食者。

攝影／李進榮

▲ 盡量使用天然食材自製食品，不僅兼顧健康，也可作為送禮的禮品。

美味素食的 15 個祕方

素食的美味，往往來自於簡單純淨的烹調，只要掌握基本的四個祕訣：魯素燥、調醬料、醃拌菜、熬高湯，就能成爲一個懂得品味的美食族……

香椿素燥

材料

香椿葉 40 克／乾香菇 40 克
乾素肉末 80 克

調味料

素蠔油 1/3 碗／醬油 1/3 碗

作法

1 乾香菇洗淨軟化，切細末。
2 香椿葉除去中間葉脈，然後洗淨擦乾，切細末。
3 起油鍋，將香菇末爆香，再加入香椿末同樣爆香，然後倒入素蠔油、醬油。
4 乾素肉末沖水使其軟化，加入作法3，開小火使其入味，再倒入適量水使有醬汁即可。

主廚的叮嚀

•可用於乾拌麵或湯麵時的配料，再加上蔬菜更為美味。

五香素燥

材料

乾香菇 40 克／乾素肉末 80 克

調味料

素蠔油 1/3 碗／醬油 1/3 碗
五香粉 1 茶匙

作法

1 乾香菇洗淨使軟化，切細末。
2 起油鍋，將香菇末爆香，加五香粉，注入素蠔油及醬油。
3 素肉末沖水使軟化後，加入作法2，開小火使其入味，再倒入適量水使有醬汁即可。

主廚的叮嚀

•香菇請勿浸泡水中，只要烹調前清洗乾淨，使其自然軟化，炒出來的香菇必定香味十足。
•可用於乾拌麵或湯麵時的配料，也可和白飯一同食用，若再加上蔬菜更為美味。

羅勒醬

材 料

九層塔 300 克

調味料

鹽、辣椒各少許／橄欖油 1/2 碗

作 法

1 摘取九層塔葉後洗淨瀝乾，切細絲，再橫切成數段，灑上少許鹽拌一拌備用。
2 辣椒洗淨切細圈。
3 起油鍋，將油加熱高溫後，放入九層塔及辣椒拌炒，立即起鍋即可。

🌿 **主廚的叮嚀**

● 可於拌麵、煎豆腐時作醬料使用，或作為火鍋沾醬之用。

紅麴醬

材 料

純紅糟 38 克（1 兩）

調味料

素蠔油 1 湯匙／薑汁 1 湯匙
香油少許

作 法

起油鍋，將材料及調味料倒入，並在鍋中調開、煮滾後，盛起即可。

🌿 **主廚的叮嚀**

● 純紅糟可至福州人的店購買較純，此醬可用於麵腸、豆包、豆腐等淋醬，以及拌飯使用。

五味醬

材料

九層塔、老薑、辣椒、香菜梗各少許
　　　　　　　　　　　（依個人口味）

調味料

素蠔油、番茄醬、香油、糖各少許
　　　　　　　　　　　（依個人口味）

作法

1 將所有材料洗淨，切細末備用。
2 拌入番茄醬、素蠔油、香油、糖即
　可。

主廚的叮嚀

• 可用於火鍋或茄子及菇類食品的沾
　醬，如素九孔沾醬。

堅果和風醬

材料

松子2茶匙／味噌2茶匙
檸檬汁少許／白芝麻2茶匙

調味料

黑糖2茶匙／橄欖油100c.c.
白醋100c.c.

作法

將所有材料及調味料倒入果汁機，打
勻即可。

主廚的叮嚀

• 可用於生菜、水果及涼麵的沾醬，
　但若作涼麵沾醬，須再加入日式
　醬油。

甜辣醬

材 料

甜辣醬 1 小瓶（160 克）
味噌 50 克／水 300c.c.

調味料

糖 5 茶匙／太白粉 1 茶匙

作 法

1 準備一個鍋子，將味噌與水調勻，
　倒入鍋內。
2 將其他材料及調味料倒入鍋內，開
　小火，不斷攪拌，淋上少許太白粉
　水煮開即可。

主廚的叮嚀

● 可用於台灣小吃，如關東煮、素粽、
　蘿蔔糕、素蚵仔煎、乾拌油麵。

百香果醃青木瓜

材 料

百香果 600 克（1 斤）
青木瓜 600 克（1 斤）

調味料

鹽 1 茶匙／糖 3 湯匙
醋 1/2 碗

作 法

1 百香果洗淨切半，擠出百香果汁備
　用。
2 青木瓜去皮、去籽，刨成片狀，加
　入鹽醃軟約 2 小時。
3 用清水將作法 2 的鹽洗淨，加入
　糖、醋、百香果汁攪拌，放入冰箱
　使其入味，1 小時後即可食用。

主廚的叮嚀

● 可作為冷盤前的開胃菜。

米釀醬蘿蔔

材料

白蘿蔔 600 克／酒釀 100 克

調味料

鹽 1/2 湯匙／糖 3 湯匙

作法

1. 白蘿蔔連皮洗淨後，切小塊，灑入鹽醃約 4 小時（最好用重物壓）。
2. 用清水將鹽洗淨，加入糖、酒釀攪拌，裝入瓶內，放入冰箱使其入味，隔天取出即可食用。

主廚的叮嚀

● 可搭配炸物、素燥飯，作為配菜。

米糕醬蘿蔔

材料

尖糯米 35 克／白蘿蔔 600 克
水 250c.c. ／橙皮少許

調味料

鹽 4 茶匙（約 1 兩）／糖 10 茶匙（約 2 兩）
白醋 1 湯匙（20c.c.）

作法

1. 白蘿蔔連皮洗淨後，切成 6 長條，風乾後用鹽醃約 1 天。
2. 倒去鹽水，用糖醃，放置冰箱 1 ～ 2 天，再倒去糖水備用。
3. 尖糯米加入水、橙皮，煮成粥，待涼之後加入白醋、醃好的白蘿蔔，放置冰箱。食用前，取出切小塊即可。

主廚的叮嚀

● 可搭配炸物、素燥飯，作為配菜。

醃大頭菜

材料
大頭菜 600 克

調味料
鹽 1/2 湯匙／糖 1/2 湯匙
白醋 1/2 碗／辣椒少許

作法
1 大頭菜洗淨去皮切 3 塊，再切成 1 公分厚，然後切 1 公分小段，並在小段中間切成薄片扇狀（右圖）。
2 將作法 1 用鹽醃 4 小時，用清水將鹽洗淨，再加入糖、白醋攪拌，灑上辣椒放置冰箱，隔天即可食用。

主廚的叮嚀
• 大頭菜在醃漬前，切成 1 公分的厚及 1 公分的寬，並在中間切成薄片扇狀，可幫助軟化並且入味。
• 可作為冷盤前的開胃菜。

韓國泡菜

材料
山東白菜 4 斤／胡蘿蔔少許
白芝麻少許

調味料
鹽 6 茶匙／糖 15 茶匙（約 3 兩）
薑泥 4 茶匙（約 1 兩）
韓國辣椒粉 4 茶匙

作法
1 山東白菜剖半洗淨，切成 2～3 段，灑上鹽醃，用重物壓 2～3 小時。
2 胡蘿蔔洗淨去皮切絲備用。
3 白菜取出，用自來水洗淨、瀝乾。加入所有調味料及胡蘿蔔絲攪拌，裝入玻璃瓶蓋緊發酵，有酸味時才能食用。食用時灑上白芝麻即可。

主廚的叮嚀
• 有酸味後，要放置冰箱，否則會愈來愈酸。可作為冷盤前的開胃菜。

牛蒡高湯

材料

牛蒡 1 條

作法

牛蒡洗淨去皮，用菜刀拍扁，再切小段。
將牛蒡倒入裝滿水的湯鍋中，用小火熬
煮 1 小時即可。

主廚的叮嚀

• 可作為麵食的高湯，也可加素肉燥作
　為擔擔麵。

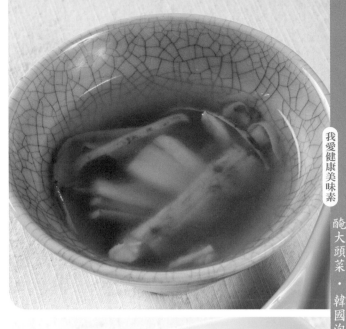

番茄湯

材料

番茄 600 克／香菜少許

調味料

鹽少許

作法

番茄洗淨切片，入油鍋拌炒，取出並倒
入裝滿水的湯鍋中，熬煮 30 分鐘，使用
時再加鹽、灑上香菜即可。

主廚的叮嚀

• 食用麵食時，可加泰式酸辣醬，若作
　湯底則要加少許鹽，或作為火鍋湯底。
• 熬煮此高湯時，可加入其他蔬菜皮，
　如白蘿蔔皮、胡蘿蔔皮、高麗菜心、
　綠花椰菜心等。

四物湯

材料

四物 1 帖

作法

四物 1 帖藥材先用水浸泡半小時，連汁
倒入裝滿水的湯鍋中，再用小火熬煮 1
小時，去藥渣後即可。

主廚的叮嚀

• 可在坐月子時，用來煮補湯，正餐下
　麵加蔬菜、五香素肉燥，即成美味月
　子餐。亦可作為藥膳火鍋的湯底。

12 大養生素主題

做菜要簡單、要配色、

更要營養均衡!

最重要的是,

口味要家常,

才能吃不膩口、長長久久……

醒腦

明目

護心

養肺

養肝

健脾胃

補腎

提升免疫力

更年期保健

補血

安眠

體重控制

醒腦

增強記憶力、頭好壯壯、腦筋清晰

（花蓮慈濟醫學中心營養師）

本節執筆◎連靜慧、劉詩玉

　　腦是人類身體活動的總指揮部門，腦細胞主要的能量來源是醣類，食物來源如五穀根莖類等。而蛋白質是合成腦細胞的主要成分之一，可提供胺基酸合成體內神經傳遞物質。富含優質蛋白質的食品如蛋、大豆及其製品、奶類等，為大腦發育不可或缺的營養物質。此外，脂肪亦是腦細胞的主要結構材料，可促進腦細胞的發育和神經纖維的形成，食物來源有堅果類、烹調用油等。

　　單元不飽和脂肪酸是嬰幼兒大腦發育與成長期的重要物質，能增強記憶力；富含單元不飽和脂肪酸食物如堅果類、橄欖油等。食物中的卵磷脂成分有助於記憶，若攝取不足會使記憶力衰退，富含的食物如蛋黃與黃豆。

在維生素方面，A、C、E抗氧化作用強，能穩定腦細胞結構保持活力，有醒腦的功效，蔬果類都富含維生素C，另外奶類、蛋黃、杏仁、黃綠色蔬菜等食物都含有維生素A，富含維生素E的食物則存在於烹調用油、花生、芝麻、蛋等。

營養素礦物質如鈣能抑制腦細胞異常放電，穩定情緒；食物來源有芝麻、奶類、大豆及其製品、深綠色蔬菜等食材。

想要健腦，營養的攝取必須適量且均衡，食物種類愈廣泛則攝取到的營養素愈具全。其實最重要的還是要活用激盪腦力，所謂活到老學到老，讓腦細胞活絡，開發未知的腦力。

涼拌蓮藕

材 料

蓮藕 1/2 斤（約 300 克）

調味料

糖 30 克／醋 70c.c.
鹽、辣椒各少許

作 法

1 蓮藕洗淨去皮，切成薄片，汆燙撈
   起備用。

2 將糖、醋、鹽倒入蓮藕中拌入味，
   擺盤時可切一些辣椒圈灑在上面裝
   飾即可。

營養師的叮嚀

• 有此一說，吃蓮藕會使人變聰明，
  因為蓮藕形狀是中間呈現一個洞
  一個洞，如竅一樣，因此吃了就會
  通竅。

營養分析

營養素	熱量／卡	主食類／份	蛋豆類／份	奶類／份	蔬菜／份	油脂／份	糖／克
	74.1	0.63	-	-	-	-	7.5

吐司起司捲

材料

薄片吐司 4 片
炭燒海苔 1 張（30 × 30 公分）
起司片 4 片／胡蘿蔔 50 克
小黃瓜 50 克／蛋 2 顆

調味料

沙拉醬 1 茶匙／鹽、糖各少許

作法

1 胡蘿蔔洗淨去皮切條狀、小黃瓜洗淨切條狀；蛋洗淨煮熟備用。
2 胡蘿蔔、小黃瓜用鹽醃軟，洗去鹽水，拌入糖備用；將煮熟的蛋去殼、切碎，加入沙拉醬拌勻。
3 炭燒海苔一張切成四小張，吐司去邊切成比海苔略短 1 公分。
4 吐司薄塗沙拉醬貼在海苔上，再放上起司片，將作法 2 材料全部排於起司上，用力將麵包與海苔捲成長條狀，最後 1 公分處用沙拉黏住後，斜切成段即可。

營養師的叮嚀

• 海苔是高纖食物，但是市售海苔大多添加較多調味料如鹽巴及麻油，故攝取時千萬不可過量，必須注意外包裝的營養成分分析表做選擇！
• 奶類是富含優質蛋白質的食品，蛋白質亦是合成腦細胞及大腦發育不可或缺的營養素，對於不敢喝奶類的人，可用起司取代。

營養分析

營養素	熱量 / 卡	主食類 / 份	蛋豆類 / 份	奶類 / 份	蔬菜 / 份	水果 / 份	油脂 / 份
	185	1	0.5	0.5	0.25	-	0.25

51

豆腐漢堡

材料

小型漢堡麵包 8 個／豆腐 240 克
牛蒡 100 克／胡蘿蔔 100 克
大番茄 1 粒／小黃瓜 1 條
白飯 1 湯匙／橄欖油 2 茶匙
生菜 1 小顆

調味料

黑胡椒粒少許／番茄醬少許
沙拉醬少許／麵粉少許
醬油 1/2 湯匙

作法

1 胡蘿蔔、牛蒡洗淨去皮切絲,入油鍋炒熟。

2 起一鍋滾水,將豆腐燙熟撈起,壓碎豆腐、瀝乾水分,再加入胡蘿蔔絲、牛蒡絲、白飯及調味料拌勻,做成大小一樣的豆腐球。

3 將豆腐球在麵粉裡滾一滾後,起油鍋,將豆腐球置入鍋內稍煎(使用少量油煎),在鍋內壓成平扁狀的豆腐餅,與漢堡大小一樣。

4 大番茄切 8 薄片,小黃瓜切 24 片備用;漢堡麵包剖半切開,放入烤箱烤熱後取出,內面塗上少許沙拉醬,置入生菜葉、番茄片、小黃瓜片、豆腐餅,並淋上番茄醬即成。

營養師的叮嚀

● 豆類食物的蛋白質和必需胺基酸含量高,其中以谷胺酸的含量最為豐富,是大腦活動的營養成分。所以常吃豆類及其製品,有益於大腦的發育。

● 小漢堡麵包 1 個熱量達 1/4 碗飯,較適合當作早餐攝取,再搭配 240 毫升低脂奶類或低糖豆漿,營養豐富的早餐是一天醒腦的開始!

營養分析

營養素	熱量 / 卡	主食類 / 份	蛋豆類 / 份	奶類 / 份	蔬菜 / 份	水果 / 份	油脂 / 份
	264.75	2.3	0.75	-	1	-	0.5

【醒腦】豆腐漢堡

蘋果秋葵咖哩

材料

秋葵 150 克／咖哩粉 1 茶匙
蘋果 1 粒（約 110 克）
橄欖油 2 茶匙
小馬鈴薯 2 粒（約 180 克）

調味料

鹽少許／胡椒少許
薑 2 片／月桂葉 1 小片

作法

1 秋葵洗淨；小馬鈴薯連皮洗淨切塊，薑片切末備用。

2 起一鍋水（800c.c.），將馬鈴薯塊倒入，煮至鬆軟，再磨入蘋果泥一起煮熟。

3 起油鍋，倒入薑末、咖哩粉，並加入**作法** 2 材料及少許胡椒、月桂葉，再加入適量的水稀釋湯汁，放少許鹽，即成咖哩醬。

4 秋葵氽燙熟後擺盤，食用時，舀出適量咖哩醬即可。

營養師的叮嚀

● 蘋果含有多種維生素、蘋果酸和果醣類等構成大腦所必需的營養成分，而且含有豐富的鋅，與增強記憶力有密切關係，所以蘋果又稱為記憶之果。

主廚的叮嚀

● 若有剩餘的咖哩醬，可放置冰箱，下次食用時，再用新鮮的秋葵氽燙，放入咖哩醬內，即可食用。

營養分析

營養素	熱量 / 卡	主食類 / 份	蛋豆類 / 份	奶類 / 份	蔬菜 / 份	水果 / 份	油脂 / 份
	82	0.5	-	-	0.38	0.25	0.5

金針腰果湯

材 料
乾金針花 25 克／乾香菇 25 克
乾腰果 10 粒（約 16 克）
荸薺 3 粒

調味料
麻油 1/2 茶匙／鹽少許

作 法
1 乾腰果、乾香菇洗淨備用；乾金針花打結去蒂，洗淨後泡水備用。
2 荸薺洗淨去皮切片備用。
3 準備裝滿水的湯鍋，將腰果、荸薺倒入，煮至腰果稍軟。
4 再將香菇、金針花加入鍋中煮開，起鍋前，加入鹽和麻油調味即可。

營養師的叮嚀
● 金針被日本人稱為健腦菜，因含有維生素 B 群能活化體內酵素，促進代謝，是腦力發育好食材。但乾燥金針須注意二氧化硫殘餘量問題，建議以高溫烹煮時，打開鍋蓋讓二氧化硫揮發即可。

營養分析

營養素	熱量／卡	主食類／份	蛋豆類／份	奶類／份	蔬菜／份	水果／份	油脂／份
	52.6	0.3	-	-	0.13	-	0.63

鳳芹花果

材料

荷蘭芹 200 克／平菇 100 克
胡蘿蔔 50 克／香酥核桃仁適量
鳳梨 1/2 顆／橄欖油 1 茶匙

調味料

淡色醬油少許／鹽、糖各少許

作法

1 所有食材洗淨，荷蘭芹、平菇斜切，余燙備用；胡蘿蔔去皮切滾刀塊備用。

2 起油鍋，用小火將胡蘿蔔煎熟，倒入淡色醬油、少許糖，煮至熟透，並留少許醬汁。

3 烤箱預熱後，放入香酥核桃仁稍微烘烤 1 分鐘備用。

4 將余燙後的荷蘭芹、平菇，倒入作法 2 中，再灑入少許鹽攪拌。

5 將鳳梨果肉挖出，留下少許碎鳳梨當墊底，再將作法 4 裝入，食用前，灑上烤過的香酥核桃仁即可。

🍃 營養師的叮嚀

● 堅果類食物富含不飽和脂肪酸，也含有磷脂質和固醇類等營養成分，對腦部運作、記憶力和智力都有益，如核桃、花生、杏仁、南瓜子、葵花子、松子等。

營養分析

營養素	熱量／卡	主食類／份	蛋豆類／份	奶類／份	蔬菜／份	水果／份	油脂／份
	119.5	-	-	0.88	1.25	0.5	-

明 目

本節執筆◎林玉真、陳燕華、劉詩玉

（花蓮慈濟醫學中心營養師）

消除眼睛疲勞、眼睛保健

現代人常處於緊張壓力之中，除了上班長時間眼睛注視著螢幕，回家之後又幾乎都在電視機前度過，這樣的作息模式十分容易造成眼睛疲勞乾澀，甚至伴隨黑眼圈、假性近視、頭痛、肩頸痠痛等不適症狀。

藉由適時按摩，有助放鬆眼部肌肉，也可以促進眼部血液循環、紓解疲勞，改善眼睛乾澀狀態。

不過如果能由飲食上補充，更能為保健眼睛的效果加分，以下將詳細說明。

• 維生素 A 可以幫助光敏感色素細胞的形成，若缺乏維生素 A，容易導致夜盲症，同時也容易患有乾眼症或角膜軟化症。含有維生素 A 的蔬果如胡蘿蔔、番茄、木瓜、南瓜、菠菜、綠花椰菜、枸杞等黃紅色和深綠色蔬果。

- β - 類胡蘿蔔素在體內轉化成維生素 A。β - 類胡蘿蔔素在體內具有抗氧化的功能，可排除人體內不正常堆積的氧化物及自由基，還能保護眼睛水晶體和視網膜黃斑部。富含 β - 類胡蘿蔔素的蔬果常見的有橘色系的胡蘿蔔、地瓜、木瓜、芒果、紅番茄；綠色系的蔬果如茼蒿、油菜、菠菜、韭菜等。

- 維生素 C、E 也具有抗氧化的功能，對眼睛水晶體、視網膜有保護的功能。含維生素 E 食物有葵花子油、紅花油、玉米油、黃豆油、小麥胚芽、杏仁、堅果類。

　　除了不挑食、不偏食，保持營養均衡之外，平時注意閱讀或看電視的距離與姿勢，常做戶外運動、眺望遠方、走向大自然，看看青山、綠樹，放鬆眼肌、舒展頭肩頸肌肉的健康操等，也是保護眼睛的好方法。提醒您， 定期接受眼科檢查； 早期發現眼睛機能的退化，可以減少視覺嚴重受損的機會，也能常保「靈魂之窗」的健康！

護眼生蔬捲

材料

海苔 1/2 張／起司片 4 片
蘿蔓葉 50 克／胡蘿蔔 50 克
玉米筍 50 克／小黃瓜少許

醬汁

堅果和風醬少許（作法詳見 P.41）

作法

1 蘿蔓葉洗淨切段，小黃瓜洗淨切小
　 圓片，胡蘿蔔洗淨去皮切片，玉米
　 筍洗淨汆燙備用。

2 蘿蔓葉裝盤作墊底，將起司捲成花
　 筒狀包入胡蘿蔔片，放置盤中。

3 加入玉米筍及小黃瓜，並將海苔剪
　 成絲灑上面，食用時淋上堅果和風
　 醬即可。

營養師的叮嚀

● 生菜生吃能攝取足夠水溶性維生
　 素，如維生素 C、葉酸及葉綠素等
　 營養素，即使是有機生菜還是必須
　 以清水沖洗乾淨較適宜，避免寄生
　 蟲卵殘留！

● 胡蘿蔔富含抗氧化維生素 β- 類胡
　 蘿蔔素，能保護眼睛水晶體和視網
　 膜黃斑部，但因為是脂溶性的營養
　 素，所以最適合與油脂類食物如堅
　 果類一起食用！

營養分析

營養素	熱量 / 卡	主食類 / 份	蛋豆類 / 份	奶類 / 份	蔬菜 / 份	水果 / 份	油脂 / 份
	395.5	-	1	0.5	0.1	5.5	2.5

亮眼彩椒燒

材料

紅、黃甜椒各 50 克／西洋芹 100 克
黃色小番茄 100 克
綠花椰菜 200 克／蘑菇 50 克

調味料

鹽少許／白胡椒少許

作法

1 所有食材洗淨；西洋芹、紅黃甜椒切片；蘑菇剖半；綠花椰菜切小朵；黃色小番茄切半備用。
2 將西洋芹、綠花椰菜分別汆燙後撈起備用。
3 將黃、紅甜椒拌少許鹽，使軟化後，沖水將鹽洗去備用。
4 起油鍋，先入蘑菇片煎黃，放少許鹽、白胡椒及水一同拌炒，再放入所有蔬菜，關上火攪拌，要有少許菜汁才美味。

🍃 **營養師的叮嚀**

● 蔬果含的水溶性維生素 C 最忌高溫烹調過久，易被破壞流失，建議以水炒方式烹調，較易保留營養素。
● 綠花椰菜含有亮眼營養素維生素 A，是光敏感色素細胞形成所需，而攝取維生素 A 最好是選擇天然食物，可攝取到其他天然營養素。

營養分析

營養素	熱量／卡	主食類／份	蛋豆類／份	奶類／份	蔬菜／份	油脂／份	水果／份
	69	-	-	-	1.13	0.25	0.5

番茄蔬果盅

材　料

蘆筍 100 克／大番茄 4 粒
小黃瓜 100 克／芒果 140 克

作　法

1 將蘆筍洗淨切段，小黃瓜洗淨切細條，芒果洗淨去皮切細條備用。
2 起一鍋滾水，將蘆筍氽燙至全熟後撈起。
3 大番茄切開番茄頭成盅型，使用水果刀將番茄內的果肉挖出些許，並置入蘆筍、黃瓜、芒果、番茄果肉即可。

營養師的叮嚀

● 平日製備食物若需要甜味，可利用新鮮水果的甜味來取代醬料，可減少油脂或糖分的攝取。
● 芒果是橘色系列食物中最受歡迎的水果，富含 β- 類胡蘿蔔素，攝取後可在體內轉化成維生素 A，能保護眼睛功能，但吃太多，皮膚易變黃，在食用時可多加注意。

主廚的叮嚀

● 此道菜可灑些梅粉或梅汁，風味更佳。

營養分析

營養素	熱量 / 卡	主食類 / 份	蛋豆類 / 份	奶類 / 份	蔬菜 / 份	水果 / 份	糖 / 克
	53	-	-	-	1.5	0.25	-

舒眼木瓜西米露

材 料

低脂奶 240c.c. ／椰漿 75c.c.
西谷米 80 克／木瓜 200 克

調味料

砂糖 10 克

作 法

1 起一鍋水，煮開後改小火，放入西谷米煮到透明，加入砂糖、椰漿及低脂奶攪拌後熄火，放置冷卻。

2 木瓜切小丁後放入冷卻的椰奶西米露，冷藏後即可食用。

營養師的叮嚀

• 白糖是屬於精製糖類，不適宜常食用，可代換為富含礦物質的黑糖，平日飲食中仍應該盡量避免糖的攝取。

• 木瓜除了含有幫助消化的木瓜酵素外，也含有保護眼睛的 $\beta-$ 類胡蘿蔔素，不敢吃紅蘿蔔的人可以試試木瓜！

營養分析

營養素	熱量／卡	主食類／份	蛋豆類／份	奶類／份	蔬菜／份	水果／份	糖／克
	140	1	-	0.25	-	0.5	2.5

護心

降低膽固醇、強化血管
預防動脈硬化、

（花蓮慈濟醫學中心營養師）

本節執筆◎劉詩玉、陳燕華

心臟是由冠狀動脈中取得氧氣及營養素，以維持生命現象，因此一旦冠狀動脈血液流動受到阻礙，心臟運作也將開始異常。

保護心臟的飲食重點在於預防動脈硬化及不增加心臟負擔。第一要營養均衡，並保持七分飽。營養均衡包括鈉和鉀離子的均衡，鉀離子是肌肉收縮時必要的潤滑油，當攝取不足時，馬上會出現肌肉虛脫無力、心律不整、心電圖異常等現象。而單單攝取鉀是不夠的，鈉和鉀要均衡，所以要多攝取如紅蘿蔔、深綠色蔬菜、馬鈴薯等富含鈉和鉀離子的食物。請記得，鉀離子易流失於菜汁中，食用時需連菜汁一起食用，而菜汁必須是低油的哦！

第二是烹調不能過度用鹽，建議每天鹽量控制在8克以下，鹽量減少血壓也會下降，對心臟負荷也會減輕。

　　另外，如果食物在腸胃停留時間過長，便可能再被吸收形成「壞」膽固醇，而產生動脈硬化的危險，所以每日五蔬果是重要的，讓食物纖維適度刺激腸道，促進排便順利，進而降低膽固醇，而蔬菜中的葉綠素也能適時阻擋體內吸收膽固醇。

　　還有，維生素 E 可保持血管年輕，避免老化，而維生素 P、C 具強化微血管作用，如橘子果肉外膜便含豐富的維生素 P。

　　其實市面上有很多保護心臟的健康食品，但只要平日飲食避免攝取過多油脂及鹽分，生活起居正常，適度運動提高血中「好的膽固醇」，時時保有感恩心情，自然有好心臟！

紅糟

材 料

圓糯米 2 斤／紅麴米 1 杯
20％無鹽米酒 1 瓶

作 法

1 圓糯米洗淨泡水 1 小時瀝乾，放入電鍋，加 7 杯半的水，外鍋加 1 杯半水蒸熟，掏鬆待涼備用。

2 準備玻璃瓶，倒入 8 杯（1600c.c.）冷開水，再加入紅麴米、蒸熟的圓糯米、米酒一起攪拌，封蓋放置陰涼處，約 40 天即可使用。

主廚的叮嚀

• 可濾出紅糟湯汁，用另一個瓶子裝，於料理中使用。

攝影／李進榮

▲ 紅糟禮盒，不但健康又美味，也可作為送禮禮品！

營養分析

營養素	熱量／卡	主食類／份	蛋豆類／份	奶類／份	蔬菜／份	油脂／份
	1242.85	15	-	-	-	-

紅麴米糕（甜）

材　料

尖糯米 1 斤／紅麴米 20 克
龍眼乾少許／ 20%無鹽米酒 170c.c.

調味料

糖 1 湯匙

作　法

1 尖糯米洗淨泡水 3 小時，紅麴米加
　 170c.c 米酒後，泡 3 小時備用。

2 尖糯米瀝乾，將紅麴米連米酒倒入，
　 龍眼乾洗淨切小塊，灑在上面。放
　 入電鍋，外電鍋放 2 杯水煮熟。

3 起油鍋，加入糖、少許水，將煮熟
　 的飯加入拌勻，再用模型做成有造
　 型的紅麴米糕即可。

營養師的叮嚀

• 紅糟主要是由紅米經過麴菌發酵
　 而成。紅糟所含成分與改善人體
　 血中膽固醇及三酸甘油脂濃度具
　 相關性。

營養分析

營養素	熱量/卡	主食類/份	蛋豆類/份	奶類/份	蔬菜/份	水果/份
	297.4	3.25	-	-	-	0.25

紅麴油飯（鹹）

材料

尖糯米 1 斤／紅麴米 20 克
熟花生 300 克／香菇澆頭 2 湯匙
素肉燥 1 湯匙／水 40 克／老薑 75 克

調味料

麻油少許／白胡椒 1 茶匙／鹽 1 茶匙
醬油 1 湯匙／糖 2 茶匙

作法

1 紅麴米洗淨，注入水 40 克，放進電鍋，外電鍋放 1/2 杯水煮熟；老薑剁成薑米備用。

2 尖糯米洗淨泡水 4 小時後瀝乾，起一鍋滾水，將尖糯米放入木桶蒸熟備用。

3 起油鍋，用少許麻油將薑米爆香後，放入所有調味料，注入 300c.c. 的水（1 碗半），倒入熟花生、紅麴米煮開後，淋在蒸熟的糯米飯上，再加香菇澆頭、素肉燥一起拌勻即可。

營養師的叮嚀

• 市售健康食品紅麴萃取物濃度不一，消費者選擇產品時須注意標示，但其實欲降低血膽固醇，除了藥物治療外，改善飲食習慣及配合運動，才是最重要的。

香菇澆頭

材料

香菇 2 兩／沙拉油 1 碗／水 1 碗

調味料

醬油 1/2 碗／白胡椒粉少許

作法

1 香菇用水洗淨撈起（不要泡水），放數小時使其軟化，切絲備用。

2 起油鍋，放入香菇絲，用中火爆香，加入醬油、白胡椒粉、水 1 碗煮滾即可。

3 將其放涼後起鍋，可裝入鋼杯或保鮮盒，待食用時再取出。

營養分析

營養素	熱量/卡	主食類/份	蛋豆類/份	奶類/份	蔬菜/份	水果/份	油脂/份
	1095.1	7.75	0.25	-	0.42	-	11.63

12 大養生素主題

〔護心〕 紅麴油飯 〔鹹〕

紅糟豆包

材料

豆包 150 克／素肉燥 1 湯匙

調味料

紅糟醬 1 湯匙／醬油 1 湯匙
香油 1 湯匙／薑汁 1 湯匙

作法

1 豆包切細丁後，拌入所有調味料。
2 將作法 1 加少許水，拌入素肉燥，
　放入電鍋，外電鍋加入 1 杯水蒸煮
　至熟透，即可作為拌飯菜。

營養師的叮嚀

● 食用紅糟食物或健康食品須避免
攝取葡萄柚。因為葡萄柚會干擾
降血脂藥物在肝臟的代謝，服用
藥物時須注意，飲食時也須注意
相忌的可能。

營養分析

營養素	熱量／卡	主食類／份	蛋豆類／份	奶類／份	蔬菜／份	水果／份	油脂／份
	236.35	-	2	-	0.25	-	1.5

桂花仙楂茶

材 料

桂花蜜少許／仙楂 40 克

作 法

1 仙渣泡 150c.c. 水 30 分鐘備用。
2 作法1加水250c.c.，小火煮30分鐘，
　放入適量的桂花蜜煮開即可。

營養師的叮嚀

• 食材中的仙楂具有擴張血管作用，
　也可降低血壓，很適合用於菜餚或
　茶水中。

營養分析

營養素	熱量 / 卡	主食類 / 份	蛋豆類 / 份	奶類 / 份	蔬菜 / 份	水果 / 份	糖 / 克
	20	-	-	-	-	-	5

71

豆豉苦瓜

材料
苦瓜 200 克／豆豉 35 克

藥材
蔘鬚 2 錢／麥冬 2 錢／五味子 5 分
（此藥材的用意為補氣，可添加也可
不添加）

調味料
糖 1/2 茶匙／淡色醬油少許
薑絲少許／辣椒絲少許

作法
1 將藥材用 2 杯水以小火熬至剩 1 杯，
過濾去藥渣。

2 苦瓜洗淨去籽、去內膜切薄片，用
水汆燙備用。

3 起油鍋，放入豆豉壓碎爆香，加淡
色醬油、糖、藥汁、苦瓜悶煮 5 分
鐘拌炒後起鍋，上面灑些薑絲和辣
椒絲即可。

營養師的叮嚀

• 中醫提到苦瓜具有退熱功效，而且
可明目清心，對於血壓高、眼睛
紅、脖子緊的問題，可選擇食用苦
瓜來改善。

營養分析

營養素	熱量／卡	主食類／份	蛋豆類／份	奶類／份	蔬菜／份	油脂／份	糖／克
	59	-	0.25	-	0.5	0.5	2.5

脆脆小點

材　料

珊瑚草 300 克／小黃瓜 100 克
玉米 50 克／開心果仁 10 粒（約 7 克）
海苔少許

調味料

糖少許／桔醬 1 茶匙／淡色醬油少許

作　法

1　珊瑚草浸泡 8 小時，將嫩枝剪下備
　用（粗枝可煮羹或炒菜）；開心果
　仁適度烤過後壓碎。

2　海苔剪成絲狀；玉米削下玉米粒過
　水燙熟；小黃瓜洗淨切絲備用。

3　珊瑚草、小黃瓜拌勻裝盤，放入玉
　米粒，灑上碎開心果、海苔絲。

4　將糖、桔醬、淡色醬油加開水調勻，
　作成醬汁，食用時淋上即可。

營養師的叮嚀

● 珊瑚草是高纖維食物，能吸附食物
　油質減少被腸道吸收，就可以降低
　高血脂發生而保護心臟功能，是很
　受歡迎的低熱量點心，但千萬別添
　加高熱量的調味料。

營養分析

營養素	熱量／卡	主食類／份	蛋豆類／份	奶類／份	蔬菜／份	油脂／份	糖／克
	43	0.25	-	-	0.25	-	0.25

洛神花凍

材　料

洛神花少許／吉利Ｔ 40 克

調味料

糖 3 茶匙

作　法

1　洛神花少許，加水煮成 1000c.c. 洛神花茶。

2　糖、吉利Ｔ加少許水拌勻，倒入洛神花茶內使融化，再注入模型器皿中，待涼後即可倒扣在盤中食用。

營養師的叮嚀

● 食譜中的吉利Ｔ是植物性凝膠，在一般食品材料行中皆可購得。

● 而洛神花含豐富花青素，具抗氧化作用及改善毛細血管的韌度，減緩血管硬化的速度，能預防心血管疾病。

營養分析

營養素	熱量/卡	主食類/份	蛋豆類/份	奶類/份	蔬菜/份	水果/份	糖/克
	15	-	-	-	-	-	3.75

竹笙蓮心湯

材 料

乾竹笙 25 克／蓮子 40 克
黃豆芽 100 克／白木耳 1 朵
甘蔗片、素料少許

調味料

鹽少許／香油 1/2 茶匙

作 法

1 所有食材洗淨；蓮子去心，竹笙切
  段備用。
2 黃豆芽、白木耳、竹笙、甘蔗片、
  素料以文火煮 20 分鐘至熟透。
3 倒入蓮子以文火煮 10 分鐘（勿攪
  動）。起鍋前，加鹽、香油即可。

🍃 **營養師的叮嚀**

● 以中醫角度而言，蓮子可養心安
  神，而蓮子心也有清心作用，但味
  道比較苦，中藥材一般都經乾燥處
  理毒性。需注意的是，蓮子心的毒
  性易造成拉肚子及過敏現象，不可
  自行食用。

🍃 **主廚祕方**

● 熬湯時，建議可用黃豆芽作為湯
  底，熬出的湯汁會很甘甜。

營養分析

營養素	熱量/卡	主食類/份	蛋豆類/份	奶類/份	蔬菜/份	水果/份	油脂/份
	55.75	0.5	-	-	0.38	-	0.25

養肺

（花蓮慈濟醫學中心營養師）

本節執筆◎陳靜怡、劉詩玉

潤肺、清肺、強化支氣管

當天氣開始轉暖為涼，是養肺的好時節！保養肺部除了採用一般傳統的進補方式，其實當季盛產的食材是最能滋養肺部的食物，只要慎選新鮮食材經由適當的烹調，想要吃的美味兼顧養肺並非難事。

根據中醫的說法，肺與皮膚、大腸相關連。肺好的人皮膚潤澤有光，經由良好的肺部保養具有養顏美容功效。此外還可以利用瀉大腸以利肺氣的方法，因為多吃高纖食物，可讓排便通暢，全身舒暢便無廢物堆積，也益於肺部保養。

從營養的觀點來看，肺臟與人體的免疫功能息息相關，健康的肺部，不容易發

生感冒、過敏,所以怎麼吃對肺部好,對健康來說就很重要了。

中醫有所謂的「色白入肺」,指食用白色的食物,如山藥、菱角、豆腐及白蘿蔔等,可以入肺經,對於肺部保養有一定的幫助。

其實,平日養肺最忌諱冰冷食物,尤其是天熱時,人們毫無節制攝取冰品對身體是無益的,其次是抽菸習慣對肺部造成的傷害是往後再怎麼努力,也無法改善及補償肺臟功能,因此戒菸是保護肺臟的首要目標!

糙米燕麥黃豆粥

材 料
糙米 160 克／燕麥 80 克／黃豆 40 克
無糖葡萄乾 50 克／鮮奶適量

調味料
糖少許

作 法
1 糙米、燕麥、黃豆洗淨，用多量的
  水煮成稀粥。
2 加入適量的糖拌勻，食用時，可再
  倒入鮮奶、葡萄乾，即成營養的早
  餐粥。

營養師的叮嚀

• 人體肺細胞正常形成所需營養素之
  一即是蛋白質；黃豆富含優質植物
  性蛋白質；吃黃豆不像吃肉還要擔
  心是否攝取過多動物性油脂。

• 此道食譜是以多種全穀類食物為食
  材，建議平日做菜時除了考量各種
  食材的效益外，同時兼顧到六大類
  食物的攝取，不要偏重任何一類，
  這是很重要的喔！

營養分析

營養素	熱量／卡	主食類／份	蛋豆類／份	奶類／份	蔬菜／份	水果／份	油脂／份
	320.3	3	0.5	-	-	0.63	1

柿餅飯球

材　料

柿乾 4 塊／粗蘆筍 1 支
白飯 2 碗／海苔少許／芝麻少許

調味料

白醋、糖各 2 湯匙／醬油膏 1 湯匙

作　法

1　將 2 湯匙白醋及糖加入 2 碗白飯中，趁熱拌勻成壽司飯備用。
2　蘆筍洗淨去皮汆燙，切成 4 公分長；柿乾也切成 4 公分長備用。
3　戴上手套，沾些許開水，將壽司飯揉成 5 公分長×2 公分寬。
4　飯糰內層抹醬油膏，將蘆筍、柿乾分開包入做成小飯糰，切一半即可看到蘆筍、柿乾的美麗色彩。
5　食用前，在飯糰灑上海苔、芝麻即可。

🌿 營養師的叮嚀

● 在中醫來說柿餅具澀腸止瀉，有修補腸胃吸收功能，柿餅亦是高纖食物有益排便。故當人體排便正常後，腸道沒有了有害菌製造的毒素，則有利於健康的紅血球輸送氧氣至人體各處，對換氣工廠──肺部是有幫助的。

營養分析

營養素	熱量／卡	主食類／份	蛋豆類／份	奶類／份	蔬菜／份	水果／份	糖／克
	293.25	2	-	-	0.13	2	7.5

雪泥壽喜鍋

材 料

白蘿蔔 200 克／青江菜 200 克
秋葵 150 克／金針菇 200 克
凍豆腐 160 克

調味料

醬油 1 湯匙／砂糖 1/2 茶匙
鹽少許

作 法

1 所有食材洗淨；白蘿蔔去皮磨泥；
　青江菜、秋葵、金針菇洗淨切段；
　凍豆腐泡軟，擠去水分備用。
2 蘿蔔泥放入砂鍋中，加入醬油、砂
　糖、鹽及 4 碗水拌勻，煮至水開。
3 再加入所有材料，煮熟即可。

營養師的叮嚀

● 此道食譜，食材都以白色具養肺功
　能的多種菇類及青菜入菜，提供了
　豐富的維生素、礦物質及纖維，使
　用簡單的烹調方法及清淡的調味，
　均衡營養素攝取才是最健康的。

主廚祕方

● 此湯鍋可再加入烏龍麵，滴些橄欖
　油，即可成為具飽足感的主食。

營養分析

營養素	熱量／卡	主食類／份	蛋豆類／份	奶類／份	蔬菜／份	水果／份	糖／克
	87.02	-	0.5	-	1.88	-	0.63

紅燒菱角

材料

去皮菱角 160 克／珊瑚草 100 克

調味料

醬油膏少許／老薑數片

作法

1 珊瑚草浸泡 8 小時，取粗枝切段備
  用（細枝可作脆脆小點，詳見 P.73）；
  菱角洗淨備用。

2 起油鍋，放入薑片爆香，加入菱角，
  用小火炒至外皮略乾，加 1 碗水、
  珊瑚草，煮至鬆軟。

3 拌入醬油膏，使入味，並收少量湯
  汁後即可起鍋。

🍃 **營養師的叮嚀**

● 中醫指出，食用白色的食物能保護
  肺臟如菱角，它也是澱粉類食物。
  建議盡量勿選買已去殼、過分白
  的菱角，避免買到遭漂白處理過
  的。可購買生菱角，蒸熟後去殼，
  再進行烹調。

營養分析

營養素	熱量／卡	主食類／份	蛋豆類／份	奶類／份	蔬菜／份	水果／份	油脂／份
	41.25	0.5	-	-	0.25	-	-

養肝

消除疲勞煩躁、

滋補精神體力

（花蓮慈濟醫學中心營養師）

本節執筆◎劉詩玉、連靜慧

台灣長期以來一直有肝臟疾病罹患率增加的問題，因此市面有多種來路不明，強調具保肝功效的藥物，大都添加興奮劑，就像咖啡因一樣，起先很有精神，但只是暫時性，並沒有太大的幫助，卻危害人體健康。

我們每天所攝取的食物經過人體消化後，小分子物質大部分都會直接進入肝臟，再經由細胞內生化作用產生營養素，維持人體所需，同時對於化學藥物、毒素、酒精等進行分解作用，因此若是肝臟受損，對人體健康影響嚴重。

中醫說到的「肝」，包括了肝臟及神經內分泌系統、眼睛等，肝臟保養在於飲食、日常生活維持正常，其次心情要保持開朗、避免怒氣。經常發脾氣者，在中醫裡被歸類為「肝火上升」，容易出現易怒、口乾舌燥等情形，一般可用龍膽瀉肝湯、椰子汁或西瓜等瓜類，達到降火功效。而西醫研究發現，心情快樂可以增加肝臟內血液流量，活絡肝細胞功能。

養肝飲食主要以清淡平和為宜，使肝氣保持正常及調暢。而綠色蔬菜是最好的養肝食物，富含維生素及礦物質，如菠菜、海藻類、木耳、四季豆等，所以養肝不需特別進補。而體質較差的人，一般可選用蓮子、芡實、薏仁、花生、核桃、燕

窩等平性食物。而富含優質蛋白質的食物如豆腐、豆製品等，亦可促進肝臟蛋白質合成，含維生素 B 群的食物如全穀類等，也有助於肝臟的新陳代謝。

　保肝就必須少食辛辣、油炸食物，尤其是外食的時候，要注意食品、器具、環境衛生清潔，平日避免暴飲暴食及過度飲酒應酬，生活作息要正常，則人生是彩色的！

淮山捲

材料

日本淮山 100 克／豌豆嬰少許
紅、黃甜椒各少許
切邊薄片吐司 4 片

調味料

金桔果醬 1 茶匙

作法

1 淮山洗淨去皮刨絲；紅黃甜椒洗淨切絲；豌豆嬰洗淨備用。

2 切邊吐司對切成三角形，抹上金桔果醬。

3 將作法 1 材料包入吐司，捲起用牙籤固定即可。

營養師的叮嚀

● 養肝飲食以天然食物、簡單烹調為宜，少油、少鹽、少糖的方法，使肝臟保持正常運作，而淮山（山藥），在中醫來説是平性食物，任何體質的人都適宜進食保肝。

營養分析

營養素	熱量／卡	主食類／份	蛋豆類／份	奶類／份	蔬菜／份	水果／份	油脂／份
	104.85	1.38	-	-	0.13	-	1.25

五味素九孔

材料

乾香菇大小相同 20 朵（約 50 克）
荸薺 5 顆（約 50 克）／胡蘿蔔 50 克
芹菜 50 克／洋菇 50 克
太白粉 2 湯匙

醬汁

五味醬（作法詳見 P.41）

作法

1 所有食材洗淨；香菇去蒂洗淨使自然軟化（勿泡水）備用。

2 荸薺去皮，切成 20 片備用；胡蘿蔔去皮切碎；芹菜、洋菇切末備用。

3 起油鍋，將紅蘿蔔末、芹菜末、洋菇末拌炒，瀝乾湯汁加入乾太白粉拌勻，使成濃稠狀。

4 香菇內層沾上太白粉，再鑲入作法 3 材料。荸薺片抹少許太白粉，蓋在餡料上，再重覆做出數朵。

5 入蒸籠蒸 10 分鐘至熟透，取出擺盤。食用前淋上五味醬即可。

營養師的叮嚀

• 荸薺含一種天然不耐熱的抗菌成分——荸薺英，適量攝取荸薺可減少經常外食者，因攝取不清潔食物，或使用不乾淨食器，而造成肝臟功能受損。

營養分析

營養素	熱量/卡	主食類/份	蛋豆類/份	奶類/份	蔬菜/份	水果/份	油脂/份
	32.8	0.29	-	-	0.5	-	-

炒水果

材　料
綠色、橘色果肉的哈密瓜各 1 顆
竹笙 100 克／胡蘿蔔 1 條
紅、黃甜椒各少許／木耳少許
蘑菇少許／綠花椰菜少許

調味料
白糖 2 湯匙／鹽 1/2 茶匙
醋 3 湯匙

作　法
1　綠色、橘色果肉的哈密瓜各挖球狀
　　約 10 粒。
2　所有食材洗淨；竹笙泡軟切段；紅
　　黃甜椒、木耳切小塊；蘑菇剖半；
　　胡蘿蔔去皮，汆燙後挖球狀約 2 ～
　　3 粒；綠花椰菜切小朵汆燙備用。
3　起油鍋，放入蘑菇煎黃，再加入**作
　　法** 2 材料拌炒，灑少許鹽後起鍋。
4　鍋中倒入糖、醋煮開後立即關火。
　　再拌入水果及**作法** 3 材料，即可
　　起鍋。

營養師的叮嚀
• 瓜類如哈密瓜等，具有降肝火及冷卻身體的功效，亦富含具利尿作用的鉀，能將體內多餘水分排出體外，發揮消除浮腫功效，但有冰冷症者最好避免夜晚食用及食用過量。

營養分析

營養素	熱量／卡	主食類／份	蛋豆類／份	蔬菜／份	水果／份	油脂／克	糖／克
	78.75	-	-	0.75	0.5	-	7.5

【養肝】炒水果

枸杞巴戟味噌湯

材料

枸杞 30 克／巴戟 30 克
豆腐 160 克／味噌 75 克（約 2 兩）

作法

1 準備一鍋子，加入 3 碗水及巴戟，
  小火煮半小時使其出味，將巴戟渣
  撈掉。將味噌加入少許巴戟湯調勻
  備用。

2 豆腐切小丁倒入鍋中，並加入味噌
  煮開，起鍋前灑入枸杞即可。

營養師的叮嚀

• 中藥材巴戟天性微溫，味辛甘，有
  補腎陽、強筋骨、祛風溼等功效。
  更有研究指出，具有降血壓的作
  用。枸杞功效為滋補肝腎、明目、
  潤肺的功效，味甘有良好的填補作
  用，且藥性平而不劇烈，可緩緩滋
  補，但如果吸收消化不良者，會導
  致其症狀更加嚴重，或腹脹加重。

營養分析

營養素	熱量／卡	主食類／份	蛋豆類／份	奶類／份	蔬菜／份	水果／份	油脂／份
	45.82	-	0.65	-	-	-	-

活力飽滿蔬果汁

材料

地瓜葉 200 克／黑棗 8 顆（約 40 克）
紫葡萄 26 顆（約 200 克）
鳳梨 125 克／水 600c.c.

作法

1 紫葡萄、黑棗洗淨；地瓜葉洗淨切段，以冷水沖洗備用。
2 黑棗用溫水泡開，去中間核仁。
3 分別將地瓜葉、黑棗、紫葡萄（連皮帶籽）、鳳梨放入果菜榨汁機，加入 600c.c. 水，攪打即可。

營養師的叮嚀

● 綠色食物是保肝食物，這一杯富含纖維的蔬果汁，建議連同果菜渣一起飲用，而且要喝現榨的，所有保護細胞的抗氧化維生素都可攝取到，能保護肝細胞不受自由基傷害！

營養分析

營養素	熱量／卡	主食類／份	蛋豆類／份	奶類／份	蔬菜／份	水果／份	油脂／份
	88	-	-	-	0.5	1.25	-

涼拌龍鬚

材　料
龍鬚菜 300 克／乾金針花少許
生薑少許／辣椒少許

醬　汁
白醋 1 湯匙／淡色醬油 2 湯匙
橄欖油 1 湯匙
生薑末、辣椒末各少許
（以上調味料調勻即可）

作　法
1 龍鬚菜洗淨切小段，汆燙後撈起裝盤；乾金針花洗淨泡軟切小段，汆燙後灑在龍鬚菜上。

2 生薑、辣椒切細絲，略泡冷開水後，擺飾於龍鬚菜旁。

3 食用時淋上醬汁即可。

🌿營養師的叮嚀

• 以中醫而言，薑是辛熱的藥材，可發汗、散風寒，亦有溫中功效（中指的是人體腸胃道）。因此胃冷胃寒時，攝取適量老薑是有幫助的。

營養分析

營養素	熱量／卡	主食類／份	蛋豆類／份	奶類／份	蔬菜／份	水果／份	油脂／份
	55.75	-	-	-	0.88	-	0.75

小米粥

材　料

蓮藕粉 20 克／白米 80 克
小米 80 克／黨蔘少許

調味料

鹽少許

作　法

1　黨蔘加水滾煮熬汁約 30 分鐘，撈起
　　黨蔘，湯汁備用。

2　小米與白米洗淨後，加水及黨蔘湯
　　汁以文火煮成粥。

3　蓮藕粉加水拌勻，淋在粥裡攪拌成
　　黏稠狀，加入適量鹽巴調味即可。

營養師的叮嚀

● 吃蓮藕時會有「牽絲」現象，是因
為蓮藕含有黏蛋白，能促進蛋白質
及脂肪的消化吸收，可以保護胃
壁，減輕腸胃的負擔。

營養分析

營養素	熱量/卡	主食類/份	蛋豆類/份	奶類/份	蔬菜/份	水果/份	油脂/份
	160	2.25	-	-	-	-	-

93

花生豆腐

材 料
花生仁 5 兩／橙粉 1/2 碗
玉米粉 1/2 碗

調味料
鹽少許

醬 汁
薑泥少許／醬油膏少許
（以上調味料調勻即可）

作 法
1 花生仁泡水 8 小時後撈起，用果汁機打成 5 碗漿汁備用。

2 準備鍋子，將 1/2 花生漿放入鍋中煮滾，加少許鹽；另外 1/2 花生漿加入橙粉、玉米粉拌勻，再倒入鍋中一同煮至熟透。

3 起鍋後，倒入方型器皿，等冷卻後，倒出切塊裝盤，淋上醬汁即可。

營養師的叮嚀

● 水煮的花生屬平性，但炒花生屬較熱性。以中醫而言，花生具潤脾功效，而脾與胃有關，潤脾就會開胃，於是常有餐前小菜如滷花生，可適量攝取。

營養分析

營養素	熱量 / 卡	主食類 / 份	蛋豆類 / 份	奶類 / 份	蔬菜 / 份	水果 / 份	油脂 / 份
	437.3	2.48	-	-		-	5.86

白木耳蓮藕

材 料
蓮藕 150 克／乾白木耳 3 朵（約 5 克）
紅棗 10 顆／枸杞數顆

調味料
冰糖 10 克

作 法

1 蓮藕洗淨去皮切薄片，紅棗洗淨剖半，白木耳洗淨泡開備用。

2 準備燉鍋，注入 6 碗水，倒入蓮藕、白木耳、紅棗，以小火熬煮 4 小時至白木耳有些膠質。

3 將紅棗撈起去除，然後加入冰糖煮勻，起鍋前灑上枸杞即可。

營養師的叮嚀

• 以中醫觀點，黑白木耳有分別，白木耳具養肺功效，黑木耳為活血，可促進血液循環，抗凝血作用，故可適量攝取，預防冠狀動脈疾病發生。

• 白木耳並富含植物膠質，且質地較軟，含較少纖維，當胃不舒服時，可適量攝取，除了補充營養外，也能減緩胃的不適感。

主廚祕方

• 紅棗容易造成脹氣，故在食用時將紅棗渣去除，只喝其湯。

營養分析

營養素	熱量/卡	主食類/份	蛋豆類/份	奶類/份	蔬菜/份	水果/份	糖/克
	38.75	0.25	-	-	0.25	0.25	2.5

紅燒冬瓜

材料

冬瓜（取頭較硬部分）1/2 斤
乾香菇 2 ~ 3 小朵／老薑 3 片

調味料

醬油 1/2 湯匙／糖 1/2 茶匙
醬油膏 1/2 湯匙

作法

1　冬瓜去皮切 1.5 公分厚片，長約 7 公分、寬 3 ~ 5 公分，然後兩面切花。
2　小朵香菇洗淨，使其自然軟化。
3　起油鍋，倒入香菇、薑片爆香，撈起。然後再倒入冬瓜，兩面煎黃。
4　再將香菇、薑片倒入，加醬油、糖、半碗水，用小火煮入味，收至剩少許醬汁，起鍋前再淋上醬油膏即可。

營養師的叮嚀

● 冬瓜性甘而微寒，是解熱利尿、生津止渴的日常食物，可舒緩水土不服症狀、清腸胃，但要煮熟不要冷食，吃冷食易腹瀉。

營養分析

營養素	熱量／卡	主食類／份	蛋豆類／份	奶類／份	蔬菜／份	油脂／克	糖／克
	35.77	-	-	-	0.88	0.25	0.63

補腎

益氣補血、滋陰補腎

（花蓮慈濟醫學中心營養師）

本節執筆◎范鳳鈺

民間普遍流傳各種不同進補的養生方法，但怎麼補才能益氣補血，讓人在寒冷的氣候下，還能保持良好的精神與體力。

「藥食同源」，藥是救命的，食物是養生的，扮演的角色並不相同。食物的性質比藥溫和，副作用也比較少。從現代營養學的角度來看，養生食膳其實有別於中醫處方或中藥，可逐漸地改善體質。養生食膳就該像是日常食譜中的一道菜，納入營養均衡標準的考量範圍，兼顧營養和療效。

補腎益氣的最佳食材，就如大家所熟知的「黑色食物」。主要是指含有黑色素的雜糧、水果、蔬菜、菌類食品。常用的

黑色食品有黑米、黑麥、紫米、黑蕎麥、黑豆、黑豆豉、黑芝麻、黑木耳、黑香菇、紫菜、髮菜、海帶、黑桑椹、黑棗、栗子、龍眼肉、黑葡萄、黑松子等。

經常食用這些食物，可調節人體生理功能、刺激內分泌系統、促進唾液分泌、促進胃腸消化與增強造血功能，提高紅血球含量。而且這些黑色食品都具有益氣補血、強筋骨、滋陰補腎等功效。

四神營養湯

材料

芡實 10 克／核桃 5 粒（約 18 克）
薏仁 20 克／茯仁 1 片／當歸 1/2 片
香菇頭少許／蓮子少許

調味料

鹽適量／糖適量

作法

1 所有材料洗淨；芡實、核桃、薏仁、
　茯仁、當歸加多量水，熬煮成稀粥
　狀。

2 再加入蓮子煮軟，放入香菇頭、少
　許鹽和糖，煮滾即可起鍋。

營養師的叮嚀

● 芡實有健脾止瀉、固腎的功效，與
　山藥、蓮子類似。在日常菜餚中，
　善加利用這些兼具療效的食材，勿
　須花大筆錢，就可享用一道道美味
　又營養的進補佳餚了。

主廚祕方

● 此道四神營養湯，建議烹煮的較
　稀，入口較清爽。

營養分析

營養素	熱量／卡	主食類／份	蛋豆類／份	奶類／份	蔬菜／份	水果／份	油脂／份
	45.85	0.25	-	-	-	-	0.63

杜仲冬草栗子湯

材料

冬蟲夏草 1 湯匙／薑片少許
杜仲 2 片／栗子 80 克

調味料

鹽少許／黑麻油 20 克

作法

1 栗子去除外殼洗淨備用。
2 薑片用麻油煎香後，放入 600c.c. 水
　及冬蟲夏草、杜仲、栗子，用小火
　熬煮至栗子鬆軟即可。

營養師的叮嚀

● 中藥材杜仲含有杜仲膠、生物鹼、
　有機酸、酮糖、維生素 C、鉀等成
　分，具改善腰痠痛、血壓、安胎效
　果，是老年人及產前產後孕婦常見
　保健品。

● 冬蟲夏草性平味甘，有保肺益腎、
　止血化痰功效，可搭配人蔘補氣
　止血，或麥冬瀉肺臟的虛火，但
　請小心，市面假貨居多需慎選藥
　材來源。

營養分析

營養素	熱量／卡	主食類／份	蛋豆類／份	奶類／份	蔬菜／份	水果／份	油脂／份
	115	1	-	-	-	-	1

炒鮮蔬

材料

紅甜椒 1/2 粒／黃甜椒 1/2 粒
白淮山 150 克／大蘆筍 1 支
香菇 4 朵

調味料

鹽 1/2 茶匙／糖 1 茶匙
生薑 2 片／白胡椒少許
醬油少許／香油少許

作法

1 紅、黃甜椒洗淨切小塊，灑入鹽拌一拌。

2 淮山洗淨去皮切塊；蘆筍洗淨切段；再分別汆燙備用。

3 香菇洗淨使軟化，內面切花，用牙籤串緊，加醬油、胡椒拌一拌。

4 起油鍋，香菇爆香後撈起。再放入 2 片生薑爆香，加入所有材料拌炒，加鹽、糖，注入少許水、香油煮滾，即可起鍋。

營養師的叮嚀

• 人體腎臟功能包含造血功能，造血元素中重要營養素之一為葉酸，而蘆筍是富含葉酸的食物，但葉酸不耐熱，所以簡單烹調即可以獲得營養。

營養分析

營養素	熱量／卡	主食類／份	蛋豆類／份	奶類／份	蔬菜／份	油脂／份	糖／克
	52.5	0.5	-	-	0.5	-	1.25

【補腎】 炒鮮蔬

黑豆炸醬

材料
胡蘿蔔 1/2 條／毛豆 1 兩（約 38 克）
玉米粒 1 兩（約 38 克）／黑豆 40 克

醬汁
味噌 1/2 湯匙／醬油膏 1 湯匙
糖 1/2 茶匙／辣椒少許

作法

1 黑豆洗淨，用電鍋煮熟（與煮飯一樣的水）。

2 胡蘿蔔洗淨去皮切小丁，與毛豆、玉米粒分別汆燙備用。

3 起油鍋，倒入醬汁材料炒香，再加入水、煮熟的黑豆及**作法 2** 材料，炒熱後即可起鍋。

營養師的叮嚀

● 以中醫而言，黑豆是黑色食物中具補腎功能的，且黑豆及黃豆都含有優質植物性蛋白質，對於有腎臟病症狀而限制蛋白質攝取的患者是可選擇的食物。此外，豆類絕對不可生吃！

營養分析

營養素	熱量／卡	主食類／份	蛋豆類／份	奶類／份	蔬菜／份	油脂／份	糖／克
	53.57	0.18	0.64	-	0.13	-	0.63

紫米豆皮壽司

材 料
紫米 1/2 杯／白米 1/2 杯
四角豆皮 8 片／白芝麻少許

調味料
砂糖 2 湯匙／白醋 2 湯匙

作 法
1 紫米、白米混合洗淨，加入 1 杯水，
　泡 4 小時後，放入電鍋煮成紫米飯。
2 紫米飯趁熱加入砂糖、白醋拌勻。
3 四角豆皮袋口處往內折，塞入紫米
　壽司飯，灑上白芝麻即可。

營養師的叮嚀
• 紫米即是黑糯米，也是中醫所說
　具補腎功效的黑色食物，其在稻
　殼、種皮、果皮、糊粉層，均含
　有易溶於水的花青素，故水洗時，
　水會變成黑色，但剝除胚芽，米
　粒呈乳白色！

主廚祕方
• 1 杯米約可煮 2 碗飯，可視家裡人
　數調整數量。

營養分析

營養素	熱量／卡	主食類／份	蛋豆類／份	奶類／份	蔬菜／份	油脂／份	糖／份
	280	2	2	-	-	-	7.5

提升免疫力

預防感冒、抗過敏

（花蓮慈濟醫學中心營養師）

本節執筆◎連靜慧、劉詩玉

環境與氣候的異常，讓病毒不斷地變種衍生、日新月異，造成新疫情的流行。想要病毒不上身，就需要足夠的營養，提升自己體內的免疫力。

要提升免疫力，最直接有效的方式，即是每日攝取足夠的營養，包括六大類食物：水分、蔬果類、五穀根莖類、蛋豆類、奶類、油脂類，都需均衡攝取。

水分充足，則體內新陳代謝旺盛，免疫力自然提高，所以每天都需要補充足夠的水分。而天然新鮮蔬果類，富含有助於增進免疫力的營養素，例如維生素 A、C、E、β-類胡蘿蔔素、多酚類等抗氧化維生素，既能保護細胞不受傷害，還能修補已經受損的細胞。

　　「天天五蔬果」是成人健康飲食原則，蔬果類不只是富含纖維質，可促進腸胃蠕動、預防便祕，也含有多種抗氧化強效因子。另外，堅果類如南瓜子、松子也富含礦物質——鋅、鐵、硒等，都是提升免疫力的最佳選擇，但千萬不可過量；另外，可將天然堅果取代烹調用油量。

　　均衡攝取六大類食物， 多吃天然、富含維生素和礦物質的蔬果類，喝足量的水，搭配適度運動，維持理想體重，不要養成偏食、暴食的習慣，即能擁有優質免疫力，遠離病毒。

攝影／李進榮

淮山沙拉

材 料

白淮山 150 克／紫淮山 150 克

沾 醬

堅果和風醬（詳見 P.41）

作 法

1 白淮山、紫淮山洗淨去皮刨絲。
2 將淮山裝盤上桌，食用前，沾堅果和風醬食用即可。

營養師的叮嚀

- 淮山又名山藥，處理時可使用菜瓜布擦洗後再削皮，最好戴手套，避免山藥外皮的植物鹼造成手部刺癢，而且山藥與鐵或金屬物接觸易產生褐化現象。

- 堅果雖然是油脂類食物，但其富含礦物質鋅、鐵、硒及抗氧化維生素E，而這些營養素對於增加抵抗力有一定幫助，但是油脂類食物還是要適量攝取，避免熱量過高。

營養分析

營養素	熱量／卡	主食類／份	蛋豆類／份	奶類／份	蔬菜／份	油脂／份	糖／克
	337.9	1.07	0.1	-	-	5.5	2.5

彩椒花束

材料

紅、黃甜椒各少許／蘋果 1/2 顆
豌豆嬰 1/2 兩（約 18 克）
小黃瓜 2 條

醬汁

檸檬汁 1 湯匙／梅子粉 1 茶匙
淡色醬油少許／橄欖油 2 茶匙
（以上調味料調勻即可）

作法

1 所有食材洗淨；紅、黃甜椒切粗絲；
　蘋果去皮切粗絲，泡鹽水；小黃瓜
　刨成長條薄片備用。

2 取所有材料組成花束，再用小黃瓜
　薄片束緊，以牙籤固定。

3 食用時，淋上調味的醬汁即可。

營養師的叮嚀

• 甜椒的維生素 C 很豐富，而維生
　素 C 對於預防感冒有其效果，能
　增加體內抵抗力，且甜椒的組織結
　構比較緊密，切開後維生素 C 不
　容易流失掉，是營養密度比較高的
　蔬果。

營養分析

營養素	熱量 / 卡	主食類 / 份	蛋豆類 / 份	奶類 / 份	蔬菜 / 份	水果 / 份	油脂 / 份
	63	-	-	-	1	0.25	0.5

仙楂椰果綠茶凍

材 料
仙楂 1 兩（約 38 克）
綠茶粉 2 茶匙／椰果 2 湯匙
吉利 T 40 克

調味料
白砂糖 4 茶匙

作 法
1 仙楂加入 1000c.c. 水，熬煮 10 分鐘後去渣。
2 綠茶粉加水拌勻，加入白砂糖、吉利 T 拌勻，加水稀釋，再倒入仙楂汁拌勻。
3 趁熱，倒入模型中，並放入椰果，待冷卻即成茶凍。食用時，倒扣盤碗裡即可。

營養師的叮嚀
● 綠茶含有抗氧化營養素兒茶素，能增加人體抵抗力，維持細胞正常功能，但兒茶素易受高溫破壞，且胃功能差者須避免攝取過多綠茶。

營養分析

營養素	熱量／卡	主食類／份	蛋豆類／份	奶類／份	蔬菜／份	水果／份	糖／克
	20	-	-	-	-	-	5

攝影／李進榮

高纖燕麥捲餅

材料

高纖燕麥薄餅 2 張／紫菜皮 1 張
生菜葉少許／小黃瓜少許
胡蘿蔔少許／蘋果少許
酪梨少許／蔓越莓少許

調味料

沙拉醬適量／鹽、糖各少許

作法

1 生菜葉洗淨切絲；小黃瓜洗淨切長
條；胡蘿蔔洗淨去皮切長條，汆燙
後拌少許鹽、糖；蘋果洗淨去皮切
長條；酪梨洗淨去皮切長條備用。

2 燕麥薄餅攤開，鋪上紫菜皮、生菜
葉；將所有材料排列在上面，淋上
沙拉醬，灑上蔓越莓捲緊，食用前
切段擺盤即可。

營養師的叮嚀

● 燕麥含豐富水溶性纖維及蛋白質如
穀蛋白，及維生素 B 群和 E，也含
有豐富礦物質及抗氧化成分植物皂
素，這些都是增加免疫力所需營養
素，但建議不要吃精緻加工過後的
燕麥，營養素已流失。

營養分析

營養素	熱量 / 卡	主食類 / 份	蛋豆類 / 份	奶類 / 份	蔬菜 / 份	水果 / 份	油脂 / 份
	50	0.25	-	-	0.25	0.25	0.25

五味香茄

材料

茄子 1 條（可選擇較肥厚的）

醬汁

五味醬（詳見 P.41）

作法

1 茄子洗淨剖半切長段，在背上切花備用。

2 起油鍋，將茄子煎軟起鍋，裝盤後淋上五味醬即可。

營養師的叮嚀

● 茄子紫色外皮含有茄素及多酚類，會抑制體內過氧化物質生成，維持細胞正常生長，增加體內免疫力，且具有防癌的效果！

營養分析

營養素	熱量/卡	主食類/份	蛋豆類/份	奶類/份	蔬菜/份	油脂/份	糖/克
	71.25	-	-	-	0.25	1	5

羅勒香菇

材料

新鮮香菇 4 朵／綠花椰菜 4 朵
玉米 1/2 條

醬汁

羅勒醬（詳見 P.40）

作法

1 所有材料洗淨；新鮮香菇切花；玉米切小塊與綠花椰菜氽燙備用。

2 起油鍋，將切花的香菇煎一下後起鍋，連同玉米、綠花椰菜一起擺盤，食用前淋上羅勒醬（可加黑胡椒、醬油膏拌勻）即可。

營養師的叮嚀

● 白或綠花椰菜皆屬十字花科蔬菜，富含抗氧化營養、含硫化合物吲哚、維生素 C 等，可對抗致癌物「自由基」對細胞的傷害，增加細胞抵抗力，但烹調不可過久以免營養素喪失。

營養分析

營養素	熱量 / 卡	主食類 / 份	蛋豆類 / 份	奶類 / 份	蔬菜 / 份	水果 / 份	油脂 / 份
	41.25	0.25	-	-	0.5	-	0.25

更年期保健

抗憂鬱、補充鈣、養顏美容

本節執筆◎陳靜怡、江純、劉詩玉

（花蓮慈濟醫學中心營養師）

　　更年期代表著人生經驗的成熟，也是人生不可避免的階段，由於卵巢功能逐漸退化，有些婦女會出現熱潮紅、盜汗、腰痠背痛、皮膚搔癢、尿失禁、月經不規則等生理反應，甚至有易怒、疲倦、頭痛、不安、失眠、憂鬱等症狀。失去了女性荷爾蒙的保護，隨之而來的骨質疏鬆症與心血管疾病的罹患率也悄悄提高。在此重要時期，婦女們應好好保養，幫助自己安然跨越更年期的障礙，遠離骨質疏鬆症及心血管疾病。

　　更年期營養保健飲食建議如下：

- **攝取足夠的鈣與鎂：**鈣與鎂可減輕失眠、神經質與焦慮不安，並預防骨質疏鬆症。含鈣質豐富的食物，如牛奶及乳製品（乳酪、起司等）、豆腐、芝麻、紫菜、海帶、豆類、蔬菜類、綠色花椰菜、海帶及海藻類；含鎂豐富的食物如莢豆、五穀類及深綠色蔬菜。

- **足量的維生素D：**可增加鈣質的吸收，食物來源如蛋黃、牛奶；亦可藉由戶外活動，接受陽光照射。

- **維持理想體重、多運動**：運動可降低血液中膽固醇，增加骨骼中鈣質的儲存，並增加身體的基礎代謝率，使肥胖遠離。

- **低油、低糖、低鹽**：可避免血脂肪過高而增加心血管疾病的發生。應減量油脂，並以植物油替代動物油；烹調方式盡量以清蒸、水煮、滷、燉或涼拌等少油的烹調方式；減少鹽用量，選擇食材以新鮮為主，減少加工罐頭及醃燻食品。

- **高纖維飲食**：可降低血膽固醇及三酸甘油脂，並促進腸道蠕動、減少便祕、降低大腸癌的發生。食物來源有五穀雜糧的外殼、蔬菜及水果。

- **攝取富含維生素A、C、E的食物**：維生素A、C、E在體內扮演抗氧化作用，會與自由基結合保護細胞並能降低心血管疾病的發生率。維生素A主要存在深綠色、深黃色蔬菜，如A菜、胡蘿蔔、南瓜、木瓜等；維生素C存在於柑橘類水果，如柳丁、橘子及芭樂等；維生素E則在花生、芝麻、小麥胚芽、胚芽油、全麥穀類、深色蔬菜中可攝取到。

- **黃豆含有豐富的植物雌激素（異黃酮素）**：植物雌激素可舒緩更年期動情激素下降的不適、降低血膽固醇及心血管疾病。黃豆食品有豆漿、豆腐、豆乾、腐竹等。

紅紫薯泥球

材 料
紅地瓜 1 條／紫地瓜 1 條
葡萄乾 20 克

作 法
1 紅地瓜、紫地瓜洗淨去皮切片，放入電鍋，外鍋加 1 杯水，分開蒸熟備用。
2 將兩種熟地瓜分別壓成泥狀，用挖冰淇淋器皿做成球狀，裝盤後灑些葡萄乾即可。

營養師的叮嚀
● 紅地瓜含有植物激素，能改善更年期的症狀，也含有大量黏蛋白，可保護人體黏膜細胞正常運作，亦富含 β- 類胡蘿蔔素，能去除活性氧，產生抗氧化作用、提升免疫功能。

主廚祕方
● 可搭配豆漿食用，便能成為營養豐富的早餐。

營養分析

營養素	熱量／卡	主食類／份	蛋豆類／份	奶類／份	蔬菜／份	水果／份	油脂／份
	85	1	-	-	-	0.25	-

黑芝麻涼麵

材料

涼麵 6 兩／胡蘿蔔少許／玉米少許
小黃瓜少許／綠花椰菜數朵
紫色蘿蔓葉少許

醬汁

芝麻醬 1 湯匙／黑芝麻粉 1/2 湯匙
淡色醬油 1/2 湯匙／黑醋 1/2 湯匙
開水 2 湯匙／糖、橄欖油、辣油少許
（以上調味料拌勻即可）

作法

1 將所有材料洗淨。
2 胡蘿蔔去皮刨絲用油炒熟、玉米削
成片汆燙、小黃瓜切絲、紫色蘿蔓
葉切絲、綠花椰菜切小朵汆燙備用。
3 涼麵用冷開水沖洗，放入碗盤中，
加入作法 2，淋上醬汁即可食用。

營養師的叮嚀

● 更年期婦女因女性荷爾蒙的缺乏，
易發生骨質疏鬆症，攝取富含鈣的
食物如奶類、黑芝麻等，能延緩骨
鈣流失速度。

營養分析

營養素	熱量/卡	主食類/份	蛋豆類/份	奶類/份	蔬菜/份	水果/份	油脂/份
	487.5	5	-	-	1	-	2.5

牛蒡炒彩椒

材　料
牛蒡 1/2 斤（約 300 克）
黃甜椒少許／紅甜椒少許

調味料
糖 1/2 茶匙／醬油膏 1 湯匙

作　法
1　牛蒡洗淨去皮切細絲，泡在水中備用。
2　黃甜椒、紅甜椒洗淨切條狀，拌鹽。
3　起油鍋，牛蒡絲瀝乾，放入鍋中炒熱，加糖、醬油膏和 1 湯匙的水，使其入味。起鍋前加入黃甜椒、紅甜椒即可。

營養師的叮嚀
● 對於有高血壓的更年期婦女，可多食用牛蒡。因其含有菊糖、鈣、鐵及纖維質，存在外皮的皮質組織，建議可用刮除方式去皮或刷洗乾淨即可。
● 因牛蒡切開後易變黑，可浸泡水中 10 分鐘或利用 3～4% 醋水漂白。

營養分析

營養素	熱量/卡	主食類/份	蛋豆類/份	奶類/份	蔬菜/份	油脂/份	糖/克
	69.52	-	-	-	0.88	1	0.63

什錦白菜

材料

白菜 1 斤／竹筍 1 小支
木耳 2 朵／金針菇 1 小把
芋頭 1/4 顆／柳松菇、香菜末各少許

調味料

香菇澆頭 1 湯匙（詳見 P.68）
鹽 1/2 茶匙／糖 1 茶匙
黑醋 1 茶匙／白胡椒、太白粉少許

作法

1 所有材料洗淨；白菜切大塊；竹筍切細絲；木耳、金針菇切 3 段。
2 芋頭去皮切小塊，炸熟備用；太白粉加少許水拌勻備用。
3 將作法 1 倒入鍋中，加水煮至白菜熟爛，加入柳松菇、芋頭、鹽、糖、白胡椒，並倒入太白粉水勾薄芡；再拌入香菇澆頭，倒入黑醋後起鍋。食用時灑上香菜末即可。

營養師的叮嚀

● 進入更年期時，常會受症狀影響而食欲不振，可在菜餚中添加黑醋促進食欲，其具特殊風味，烹調時須於起鍋前再淋入，才不致高溫烹煮過久，易使黑醋轉為酸味，會破壞黑醋的美味。

營養分析

營養素	熱量／卡	主食類／份	蛋豆類／份	奶類／份	蔬菜／份	油脂／份	糖／克
	162.5	0.25	-	-	2	2	1.25

滷百頁豆腐

材料

百頁 25 張／鹼粉 1/2 茶匙
薑片 2 片／紗布 1 塊

調味料

醬油少許／鹽少許

作法

1 鹼粉泡 50℃溫水，百頁切小塊後浸泡在鹼粉水中 10 分鐘使軟化，撈起後，將百頁清洗乾淨。

2 準備一個漏網，將紗布鋪在上面。用 100℃的開水加鹽（比一般煮湯還鹹一些）拌成鹽水，並將百頁沾滾一下鹽水，放在紗布上包成正方塊，讓水滴乾 1 小時。

3 將塊狀成品切長條後，起油鍋煎一下，放入薑片、醬油、水，紅燒使其入味，起鍋切片，即可。

營養師的叮嚀

• 百頁含有鈣質，對於有骨質疏鬆症狀的更年期婦女，能減緩骨鈣流失，另外鹼粉即是碳酸鈉，加入食物中可變得 QQ 的，但處理時需戴手套，也可使用小蘇打粉加水混合取代。

主廚祕方

• 100 張百頁可做成 8 條百頁豆腐。

營養分析

營養素	熱量/卡	主食類/份	蛋豆類/份	奶類/份	蔬菜/份	油脂/份	糖/克
	345	-	4	-	-	1	-

補血

改善手腳冰冷、強化虛弱體質

本節執筆◎范鳳鈺、童麗霞、劉詩玉

（花蓮慈濟醫學中心營養師）

青春期男女對鐵的需求量均有明顯增加，男孩是由於肌肉量的增加和血液量的增加；女孩則因月經來潮，需要大量鐵質來平衡。

四物湯是補血調經的名方，可治療貧血及皮膚乾燥的症狀，媽媽們常會給女兒服用。許多治療血液疾病的藥方也是由四物湯的組成增減而來。

但是並不是每個人都需要服用四物湯，而且臨床應依病情不同調整藥味或藥量，如經量過多時，減少或不用當歸和川芎；又如血虛有熱時，將熟地改成生地。如果過度服用人參、黃耆或四物湯等補藥，有可能導

致長青春痘、口乾嘴破以及心煩失眠等副作用，因此即使只是服用藥膳，都應因人而異。

　　植物性食物鐵質的吸收較動物性食物鐵質的吸收差，因此若採用蛋奶素者可補充蛋及牛奶的攝取，增加腸胃道對鐵質的吸收，也可藉由維生素C的協助，增加鐵質的吸收。除此之外，鐵質含量豐富的食物如紅豆、黑豆、山粉圓、紫菜及堅果類等，亦可多運用於點心中。另外黑糖內，鈣、鐵的含量比紅糖或白砂糖高，可添加於菜單中，增加鐵質的攝取。

　　深綠色蔬菜如菠菜、地瓜葉富含葉酸及纖維質，能改善因葉酸缺乏引起的貧血和便祕。為了預防貧血的發生，除需攝食足量的鐵質外，造血元素也很重要。而參與血液合成的營養素包含維生素 B_6、B_{12}、C、E、葉酸、蛋白質及微量元素鋅、鈷及銅等。因此，均衡攝食及依醫囑適量補充鐵劑，才能減低貧血所造成的傷害。

　　唯須提醒注意的是，易影響鐵質吸收的食物，如牛奶及飲料、咖啡、茶等皆不適合和富含鐵質的食材一起吃，中間間隔1小時以上為佳。

補血紅鳳菜

材 料
紅鳳菜 1 斤／甘草片 1 片

調味料
鹽適量／薑油少許

作 法
1 紅鳳菜連梗葉一起折短，洗淨備用。
2 準備一鍋水，加入一半的紅鳳菜、
　甘草片，熬煮 30 分鐘即成紅鳳湯。
3 將另一半紅鳳菜汆燙，撈起後拌入
　少許鹽和薑油即可。

營養師的叮嚀
● 紅鳳菜的別名又叫補血菜，含有
鈣、鎂、鉀、鐵等礦物質成分，特
殊的天然紫紅色素，有助貧血者紅
血球數的提升。

營養分析

營養素	熱量／卡	主食類／份	蛋豆類／份	奶類／份	蔬菜／份	水果／份	油脂／份
	18.75	-	-	-	0.75	-	-

蘋安鮮果片

材 料
薄片吐司 4 片
小蘋果 1 顆（約 125 克）
奇異果 1 顆（約 125 克）
葡萄乾 20 克／起司 1 片

調味料
沙拉醬少許

作 法
1 蘋果洗淨去皮切丁，泡鹽水後瀝乾；奇異果洗淨去皮切丁備用。
2 吐司去邊切成 4 片正方形，薄抹沙拉醬；起司切成小三角形，放在吐司右上方，左下方則分別擺上蘋果、奇異果，再灑上葡萄乾即可。

營養師的叮嚀
- 此道食譜提供了豐富的維生素 C 及鐵質，搭配吐司以增加飽足感富含變化性。也可添加火龍果，除了含有豐富維生素 C 外，也可幫助鐵質吸收。吐司亦可以清蛋糕或餅乾代替。

營養分析

營養素	熱量／卡	主食類／份	蛋豆類／份	奶類／份	蔬菜／份	水果／份	油脂／份
	78	0.25	-	-	-	1	-

茄汁蘿腩

材 料

番茄 2 顆／白蘿蔔 1/2 條
麵腸 1 條／蘑菇少許
毛豆少許

調味料

醬油 1 湯匙／番茄醬 2 湯匙

作 法

1 番茄洗淨切丁；麵腸剝成薄片；蘑菇洗淨剖半備用。

2 白蘿蔔洗淨去皮切中塊，加水煮至熟爛備用。

3 起油鍋，倒入番茄丁炒熱，注入醬油、番茄醬拌炒，再加入白蘿蔔連湯、麵腸、蘑菇熬煮成稠狀，起鍋前再加入毛豆稍微拌炒即可。

營養師的叮嚀

● 素食飲食易攝取較多蔬菜及豆類，且乾豆類及蔬菜是植物中鐵質的最佳來源，其次如葡萄乾、紅棗、黑棗、綠葉蔬菜、全穀類等。因此鐵質來源都是非血基質鐵，可藉由維生素 C 的協助，增加鐵質的吸收。

主廚祕方

● 食用時可加上黑胡椒，作為燴飯的食材。

營養分析

營養素	熱量 / 卡	主食類 / 份	蛋豆類 / 份	奶類 / 份	蔬菜 / 份	油脂 / 份	糖 / 克
	53.4	-	0.38	-	0.5	-	5

桔醬雙筍

材料

綠竹筍 2 條／蘆筍 2 支

沾醬

客家桔醬 1 湯匙

作法

1 綠竹筍洗淨連皮放入鍋中，加水小火煮滾約 1 小時後撈起，待冷切塊備用。

2 蘆筍洗淨汆燙切段，與切塊的綠竹筍一起排盤上桌，並附上一小碟客家桔醬作為沾醬即可。

營養師的叮嚀

• 蘆筍含豐富的葉酸，與血液細胞造成有關，若長期缺乏葉酸，人體會造成貧血問題，一般深綠色蔬菜皆含有葉酸，所以每餐有深綠色蔬菜是很重要的。

營養分析

營養素	熱量 / 卡	主食類 / 份	蛋豆類 / 份	奶類 / 份	蔬菜 / 份	水果 / 份	糖 / 克
	24.5	-	-	-	0.38	-	3.75

素燥炒酸江豆

材料

酸江豆 4 兩／素肉燥 2 湯匙

沾醬

辣椒少許／糖 1/2 茶匙

作法

1 酸江豆洗淨切小段；辣椒切小段備用。

2 起油鍋，加入辣椒（依照個人喜好）、糖、酸江豆炒香、炒熟。

3 再加入素肉燥拌勻，注入少許水煮熱至收少許湯汁，起鍋後即可。

營養師的叮嚀

• 若要預防貧血，平日蛋白質的攝取就很重要，素食者蛋白質來源是大豆製品如豆腐、豆乾、素肉燥末等，必須每餐都具有此類食物，以避免營養不良的貧血。

營養分析

營養素	熱量 / 卡	主食類 / 份	蛋豆類 / 份	奶類 / 份	蔬菜 / 份	油脂 / 份	糖 / 克
	115.77	-	0.25	-	0.38	2	0.63

安眠

寧心安神、助好眠

（花蓮慈濟醫學中心營養師）
本節執筆◎連靜慧、劉詩玉

　　長期失眠會使免疫功能降低，甚至影響體重及血壓，因此對健康的影響不容忽視。導致失眠原因有很多，與疾病有關如氣喘、甲狀腺亢進、內分泌失調等；或是因工作壓力、旅行時差所導致的失眠；或是睡前食用含咖啡因、酒精等的刺激性食物等因素。

　　其中，咖啡因會使人體腎上腺素過度活動、減少褪黑激素分泌而影響睡眠，如喝茶、咖啡、可樂、巧克力等。此外，咖啡因的利尿作用，或是喝太多的水也會造成半夜頻尿。許多人會在睡前小酌而認為酒精能助眠，但其實是停留在淺睡期，無法進入深睡期，所以雖然睡眠時間長，但隔天起床仍然感覺

沒睡飽。其次，晚餐不宜吃過飽，或吃油膩不易消化食物而影響睡眠。

色胺酸是天然安眠藥，製造神經傳導物質——血清素原料，能使飯後產生飽足感，減緩神經活動而引發睡意。色胺酸含量高的食物包括小米、芡實、葵瓜子、南瓜子、腰果、開心果等，故睡前可採以全穀類為主的高碳水化合物，可提供豐富維生素 B 群，具有安定神經的功能。低蛋白質飲食如楓糖、全麥吐司或水果，建議睡前 2 小時吃以助眠，但需注意控制熱量攝取。

礦物質、鈣質也有幫助睡眠、安定神經、放鬆肌肉的作用，和鎂並用為天然的放鬆鎮定劑，當鎂攝取不足時，易發生焦慮不安，會失去抗壓能力。奶類及黃豆是鈣質最佳來源，睡前一杯溫牛奶添加燕麥片、芝麻粉可助眠，不喝牛奶的人，可多吃深綠色蔬菜及豆類來補充。而鎂的攝取，可多從蔬果類如香蕉、堅果類中獲得！

現代人要有好的睡眠品質，最需要放鬆身心，必要時仍應尋求醫師協助。

絲瓜煎蛋

材料
絲瓜 1/2 條／蛋 3 顆
太白粉少許

醬汁
甜辣醬（詳見 P.42）

作法
1 絲瓜洗淨去皮，切滾刀片備用。
2 絲瓜蒸熟瀝乾，拌上少許乾太白粉備用。
3 再起油鍋，將蛋打散倒入鍋中，煎至下層凝固。將絲瓜倒入中間，蛋包起來，將兩面煎黃，即可起鍋。食用時淋上甜辣醬即可。

營養師的叮嚀
• 雞蛋含有豐富維生素 B 群，具有安定神經的功能，減緩神經快速活動，進而產生睡意。針對蛋奶素者，成人可以每 2 天攝取 1 顆蛋，只要食用全蛋，不用擔心膽固醇攝取過量！

營養分析

營養素	熱量/卡	主食類/份	蛋豆類/份	奶類/份	蔬菜/份	油脂/份	糖/克
	155	-	1.25	-	0.25	1	8.75

巴西蘑菇蘿蔔湯

材 料

乾巴西蘑菇 1 兩（約 38 克）
白蘿蔔 1 斤／腰果 1 兩（約 38 克）
香菇素料少許

調味料

鹹醬瓜 1/2 瓶（約 90 克，連醬汁）
鹽少許／糖少許

作 法

1 巴西蘑菇洗淨，大朵的剖半，小朵的不切備用。

2 白蘿蔔洗淨去皮，切成中型方塊，起油鍋後，煎黃撈起備用。

3 準備湯鍋，注入 10 碗水，倒入鹹醬瓜（連湯汁）、巴西蘑菇、白蘿蔔、腰果、香菇素料，用小火熬煮 30 分鐘，再依個人口味喜好，調入適量的鹽和糖即可。

營養師的叮嚀

• 腰果含有天然安眠藥色胺酸，能製造人體血清素，在飯後產生飽足幸福感，於是慢慢就有濃濃睡意。但是腰果是堅果類食物，若有食用就必須減少當餐烹調用油。

營養分析

營養素	熱量/卡	主食類/份	蛋豆類/份	奶類/份	蔬菜/份	水果/份	油脂/份
	99.65	-	-	-	1.88	-	1.17

清蒸南瓜

材 料

南瓜 1 小顆

調味料

醬油膏少許／嫩薑少許

作 法

1 南瓜洗淨，連皮切成 1 人份等塊狀，放入電鍋蒸熟。

2 嫩薑切末，加醬油膏調勻。食用時淋在蒸熟的南瓜上即可。

營養師的叮嚀

• 南瓜是澱粉類食物，也就是主食類食物，睡前可吃此含碳水化合物的主食類食物，且含有纖維質，才不會使血醣快速升高又快速降低，導致半夜肚子餓而影響睡眠。

• 南瓜性溫吃多會助熱，所以民間偏方說皮膚不好、易長暗瘡的人，不適合常吃，另外南瓜攝取過多，易造成皮膚偏黃，不過只要停止食用，皮膚顏色就會恢復正常。

營養分析

營養素	熱量 / 卡	主食類 / 份	蛋豆類 / 份	奶類 / 份	蔬菜 / 份	水果 / 份	油脂 / 份
	70	1	-	-	-	-	-

冰山雪蓮

材 料

冰山雪蓮 1 兩（約 38 克）
新鮮百合 1/2 顆／白果 10 顆

調味料

冰糖 20 克

作 法

1 所有材料洗淨備用。
2 準備一個湯鍋，注入 10 碗水，加入
　冰山雪蓮，用小火煮至透明軟化（約
　2 ～ 3 小時）
3 再加入百合、白果及冰糖煮熟即可
　食用。

營養師的叮嚀

- 白果又名銀杏，與健康食品銀杏葉
　萃取物是不同的，白果可減低中風
　後的腦部損傷程度，也有保護腦部
　的功能。另，銀杏葉萃取物健康食
　品，不能跟阿司匹靈或抗凝血的藥
　同時服用。
- 如果想要一夜好眠，可試著在睡前
　2 個小時來份此類甜湯；冰山雪蓮
　富含纖維質，但要注意的是，不要
　放過量的精製糖，以免體重增加。

營養分析

營養素	熱量／卡	主食類／份	蛋豆類／份	奶類／份	蔬菜／份	油脂／份	糖／克
	46.6	0.38	-	-	-	-	5

體重控制

飲食均衡、健康減重

本節執筆◎陳靜怡、劉詩玉
（花蓮慈濟醫學中心營養師）

　　健康主義逐漸提升，大眾開始注意體重問題，於是坊間各式減肥法紛紛出籠，如高蛋白（肉食）減肥法、斷食、瘦身花草茶、瘦身霜等，種類之多，不勝枚舉。

　　但是減肥方式可能都潛藏著一些危險性，例如「高蛋白減肥法」這種只吃肉類而不選擇澱粉類食物（如米飯、麵製品）的減肥法，不僅營養不能均衡，更會因為身體缺乏碳水化合物幫助能量代謝，進而使體內脂肪燃燒不完全，產生大量酮酸，極有可能造成酮酸中毒等危險。

　　減重是沒有捷徑的，最重要的就是少吃多動！均衡且適量攝取六大類食物，配合持續運動，才是減肥及維持身材的不二法門。

　　所謂少吃的意思是指減少從食物中攝取的熱量，不一定要減少進食的份量，聰明的選擇烹調方法及食材，就可以輕鬆享瘦。食物用炸的，熱量比起烤的至少多了 135 卡，油炸和不油炸的熱量差異如此之大。低熱量烹調方式，如蒸、烤、燙、滷等可以減低不少熱量。此外，豆腐一份 140 克是 75 卡，而不含油脂的葷食品 35 克也是 75 卡，熱量相同，份量卻大大不同。

▲ 多使用氽燙的烹飪方法，可減低不少熱量。

　　在減重的過程中可能因為減少食物份量的攝取，有維生素、礦物質攝取不足的風險，因此多樣化的選擇食物，可以避免維生素、礦物質的缺乏。千萬不可隨意的斷食，或一天只吃一、二餐，存有少吃一餐就可以減少熱量的錯誤想法，如此一來，只會降低身體的代謝率，使減重過程事倍功半。

　　用餐時，請保持愉快的心情細嚼慢嚥，放慢吃東西的速度較能增加飽足感，同時亦能減少食物量及熱量攝取。

　　還覺得減肥困難重重嗎？只要把握上述原則，就能讓減重過程變得輕鬆又不必挨餓喔！

137

涼拌西芹

材 料
西洋芹 300 克

調味料
鹽少許

醬 汁
醬油 1 茶匙／黑糖 2 茶匙
芝麻醬 1 湯匙
（以上調味料調勻即可）

作 法
1 西洋芹洗淨去葉片，並剝去粗絲，
　然後切成長段備用。

2 起一鍋水，加入鹽、油後，放入西
　洋芹快速汆燙。撈起後，用冰塊冰
　涼，並擺盤，使用前淋上醬汁即可。

營養師的叮嚀
● 黑糖是未精製過的糖卻含有豐富
　礦物質鈣、鐵等，可利用於烹調
　上，但因仍含有熱量，故須注意
　攝取量，若要降低食物熱量可用
　代糖取代。

營養分析

營養素	熱量／卡	主食類／份	蛋豆類／份	奶類／份	蔬菜／份	油脂／份	糖／克
	34.6	-	-	-	0.75	0.13	2.5

蘑菇清拌花椰菜

材料

中型蘑菇 75 克／白花椰菜 150 克
綠花椰菜 150 克／胡蘿蔔少許

調味料

鹽 1/2 茶匙／油少許
黑胡椒少許

作法

1 所有材料洗淨；蘑菇剖半；白、綠花椰菜切小朵；胡蘿蔔去皮切花備用。

2 起一鍋水，加少許油、鹽後，放入白、綠花椰菜汆燙至熟，擺盤備用。

3 起油鍋，蘑菇煎黃，倒入胡蘿蔔，加鹽、1/2 碗水煮滾，起鍋淋在作法 2 上，食用時，再灑些黑胡椒粒即可。

營養師的叮嚀

• 低熱量食譜常會使用水煮烹調食物，但無法長期食用，且許多蔬菜類不適合烹調過久；可嘗試水炒烹調：先加些許油，放入菜類後，再加水悶熟即可。

營養分析

營養素	熱量／卡	主食類／份	蛋豆類／份	奶類／份	蔬菜／份	油脂／份	糖／克
	70	-	-	-	1	1	-

139

十全十美

材料

黃豆芽少許／小芹菜少許
胡蘿蔔少許／木耳少許
大芹菜少許／豆乾絲少許

調味料

香菇澆頭 1 湯匙（詳見 P.68）
鹽少許

作法

1 所有材料洗淨；黃豆芽去尾部；胡蘿蔔、木耳切絲；大小芹菜切段。

2 起油鍋，倒入豆乾絲、胡蘿蔔、木耳、黃豆芽，用小火炒熟，加鹽、水悶煮。

3 倒入大小芹菜、香菇澆頭，拌炒後起鍋即可。

營養師的叮嚀

● 這道食譜使用了多種類的蔬菜，不只攝取到各種抗氧化營養素，也攝取足量纖維質，除增加飽足感外，也達到減少額外熱量攝取而有控制飲食的效果。

● 黃豆製品食物如豆乾，常被不肖商人添加過多化學藥劑如防腐劑、漂白劑等，故在購買時勿選擇顏色過白的豆製品。

營養分析

營養素	熱量／卡	主食類／份	蛋豆類／份	奶類／份	蔬菜／份	油脂／份	糖／克
	75.63	-	0.21	-	0.6	1	-

枸杞澎湖絲瓜

材 料

枸杞少許／澎湖絲瓜 1/2 條
嫩薑 2 ～ 3 片

調味料

鹽 1/4 茶匙

作 法

1 枸杞用水洗後備用；絲瓜洗淨後去
　皮，切 5 ～ 6 公分小段。

2 起油鍋，爆香薑片，注入 1/2 碗水，
　倒入絲瓜，開中火燜熟。起鍋前放
　入 1/4 茶匙的鹽拌勻，再灑上枸杞
　即可。

營養師的叮嚀

• 減重食譜往往沒有太多調味料，所
以可試試天然香辛料如老薑。老薑
與嫩薑不同，老薑會促進血液循
環，使人體發汗與散風寒，減少水
分在體內堆積；而嫩薑通常只是拿
來入菜，添加菜餚風味。

營養分析

營養素	熱量 / 卡	主食類 / 份	蛋豆類 / 份	奶類 / 份	蔬菜 / 份	水果 / 份	油脂 / 份
	74.9	-	-	-	0.5	0.29	1

什錦菜根鬆

材料
蘿蔓葉數片／香菇 2 朵
荸薺 3 顆／豆乾 2 片
胡蘿蔔少許／芹菜少許

調味料
鹽少許／白胡椒少許
香油少許／白芝麻少許

作法

1 蘿蔓葉取中間小葉洗淨備用。
2 所有材料洗淨；香菇軟化後切小丁；荸薺去皮切小丁；豆乾切丁；胡蘿蔔去皮切丁；芹菜切小末備用。
3 起一鍋滾水，胡蘿蔔丁汆燙備用。
4 起油鍋，香菇爆香，加入荸薺、豆乾、胡蘿蔔、芹菜末，用中火炒熱，灑鹽、白胡椒、香油拌炒，起鍋後，灑上白芝麻，食用時，裝入蘿蔓葉中即可。

營養師的叮嚀

• 多數減重者都擔心吃澱粉類食物會胖，其實，適量攝取含碳水化合物食物，有助體內脂肪代謝，如糙米飯、荸薺、蕃薯都是屬此類食物。

營養分析

營養素	熱量／卡	主食類／份	蛋豆類／份	奶類／份	蔬菜／份	水果／份	油脂／份
	41.85	0.08	0.25	-	0.25	-	0.25

Family 健康飲食HD5008Z

愛上美味養生素【暢銷珍藏版】

作　　者／花蓮慈濟醫學中心營養師團隊、慈濟香積志工 王靜慧
編　　審／林俊龍（慈濟醫療志業執行長）
總 策 劃／林幸惠
企劃編輯／羅月美
編　　輯／曾慶方、黃秋惠、謝自富、賴睿伶（《人醫心傳》慈濟醫療人文月刊）
特約攝影／王嘉菲
場地提供／李淑敏
食材提供／陳濟毅
協力志工／林菊梅、黃彩鑾、陳淑琴、吳貞惠、李進榮、陳明麗、范志興、
　　　　　鄭明珠、陳雪娥、莊雪卿、周芬芬、江月滿、楊秋蜂、楊多

原水文化
總 編 輯／林小鈴
主　　編／陳玉春
行銷經理／王維君
業務經理／羅越華
發 行 人／何飛鵬
出　　版／原水文化
　　　　　台北市民生東路二段141號8樓
　　　　　電話：02-2500-7008　傳真：02-2502-7676
　　　　　網址：http://citeh2o.pixnet.net/blog　E-mail：H2O@cite.com.tw

　　　　　靜思人文志業股份有限公司
　　　　　台北市大安區忠孝東路三段217巷7弄19號1樓
　　　　　電話：(02)28989888　傳真：(02)28989889
　　　　　網址：http://www.jingsi.com.tw
　　　　　郵撥帳號／06677883 戶名: 互愛人文志業股份有限公司
發　　行／英屬蓋曼群島商家庭傳媒股份有限公司城邦分公司
　　　　　台北市中山區民生東路二段141號2樓
　　　　　書虫客服服務專線：02-25007718；25007719
　　　　　24小時傳真專線：02-25001990；25001991
　　　　　服務時間：週一至週五9:30　12:00；13:30　17:00
讀者服務信箱E-mail：service@readingclub.com.tw
劃撥帳號／19863813；戶名：書虫股份有限公司
香港發行／香港灣仔駱克道193號東超商業中心1樓
　　　　　電話：852-25086231　傳真：852-25789337
　　　　　電郵：hkcite@biznetvigator.com
馬新發行／馬新發行／城邦（馬新）出版集團
　　　　　41, JalanRadinAnum, Bandar Baru Sri Petaling,
　　　　　57000 Kuala Lumpur, Malaysia.
　　　　　電話：603-905-78822　傳真：603- 905-76622
　　　　　電郵：cite@cite.com.my

美術設計／艾優設計工作室
封面設計／張曉珍
製版印刷／科億資訊科技有限公司
初版／2006年12月5日
初版十五刷／2008年6月30日
修訂一版／2009年4月29日
修訂二版／2020年2月18日
定價／400元　ISBN：978-986-5853-55-6(平裝)
　　　　　EAN：4717702100223

城邦讀書花園
www.cite.com.tw

國家圖書館出版品預行編目資料

愛上美味養生素（暢銷珍藏版）/ 花蓮慈濟醫院營
養師團隊, 王靜慧合著. -- 修訂二版. -- 臺北市：原
水文化出版：家庭傳媒城邦分公司發行, 2020.02
　面；　公分. --（Family健康飲食；HD5008Z）
ISBN 978-986-5853-55-6　（平裝）
1.素食　2.素食食譜　3.養生

411.371　　　　　　　　　　　　　103022238

愛上美味養生素

愛上美味養生素